《魔幻科学》系列

图 形 趣 话

丛书总主编　杨广军

副总主编　朱焯炜　章振华　张兴娟

　　　　　徐永存　于瑞莹　吴乐乐

本册主编　吴乐乐

副 主 编　柏　杨　吴龙龙

天津人民出版社

图书在版编目（CIP）数据

图形趣话／吴乐乐主编.－－天津：天津人民出版
社，2011.4（2018.5重印）
（巅峰阅读文库.魔幻科学）
ISBN 978-7-201-07000-1

Ⅰ.①图… Ⅱ.①吴… Ⅲ.①图形—普及读物 Ⅳ.
① O181-49

中国版本图书馆 CIP 数据核字（2011）第 045798 号

图形趣话
TUXING QUHUA

出　　版	天津人民出版社
出版人	黄　沛
地　　址	天津市和平区西康路35号康岳大厦
邮政编码	300051
邮购电话	（022）23332469
网　　址	http://www.tjrmcbs.com
电子邮箱	tjrmcbs@126.com

责任编辑　　王　敏
装帧设计　　3棵树设计工作组

制版印刷　　北京一鑫印务有限公司
经　　销　　新华书店
开　　本　　787×1092毫米　1/16
印　　张　　13
字　　数　　250千字
版次印次　　2011年4月第1版　2018年5月第2次印刷
定　　价　　25.80元

卷 首 语

　　人们都说"眼睛是心灵的窗户"，透过这扇心灵之窗，人们可以尽览崇山之巍峨、河川之蜿蜒、花石之奇异、服饰之多彩、物品之多态。借助这双慧眼，得以发现、感受、创造绚丽多彩的图形文化。图形之美在于由简及繁，任何图形都可以回归到"点、线、面"；图形之美在于巧妙变换，一生二、二生三、三生万物；图形之美在于色彩之绚烂；图形之美在于结构之和谐。

　　万物皆有形，图形之美并不仅仅给人提供丰盛的视觉大餐，也是人类探索宇宙之浩瀚、自然之微妙、世界之伟岸的重要依据。在我们生活的环境中，处处蕴涵着规则与不规则的、古典与现代的、复杂与简约的图形，形成了丰富多彩的图形文化。让我们一起走进这座瑰丽璀璨的艺术殿堂，一起感悟图形之美。

目　录

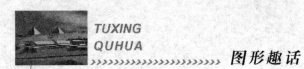

人靠衣妆、马靠鞍装——民族服饰之图形文化

金窝银窝比不上咱家的草窝——民居图形文化

扬中华文明之博——人文图形文化

疯狂的设计革命——现代图形文化

相亲相爱一家人

——几何图形集锦

积点而成线，
积线而成面。
一维生二维，
二维生三维，
三维生多维。
点、线合而成平面，
线、面合而成空间，
那么平面与空间相合呢？
归根结底，
点生线、线生面、面生空间，
点、线生万物。

◆自然图形

TUXING
QUHUA

万形之初
——点、线、面

丰富多彩的现实世界中，存在着种类繁多、式样奇异的事物图形，分布在一维层面、二维平面、三维空间等。从几何学的视角来分析，现实世界中的任何物体均可以抽象成几何图形来进行研究。以图形存在的空间维度来划分，我们可以将点、线、面界定为图形最基本的构成要素。无论是二维平面图形、三维立体图形还是多维空间图形，其最基本的构成要素是点、线、面。

认真审视我们生活的世界，点、线、面可谓是一切图形的基点，点生线，线生面，面生空间，空间生万形。

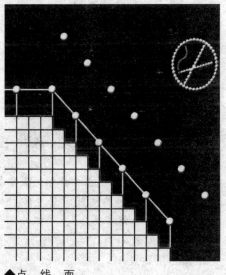

◆点、线、面

点

◆点

"点"字的释义很多，大体可以从生活系统和数学系统两个维度来进行划分。生活系统中"点"的含义包括：细小的痕迹，如斑点、墨点等；特定的符号，如句点、逗点等；事物的某一方面，如重点、基点等；时间量词，如9点10等；向下运动的行为，如点

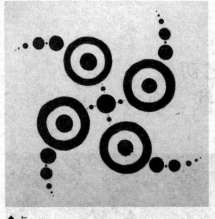

◆点

击、点头等；指定对象，如点菜、点名等等。数学系统中"点"作为一个特定的数学名词，在不同的数学分支中有着不同的含义。"点"在点集拓扑学科中被定义为一个拓扑空间中的集合的元素；在几何学中，"点"是一个最简单的几何概念，存在于空间中，用于描述指定空间中的一种特别对象。我们重点讨论几何学中"点"作为一个特殊的、基本的空间图形所具有的性质和功能。

知识库——集合、拓扑、点集拓扑

上文提到，"点"在拓扑学、点集拓扑学中的定义是有别于其他数学分支学科的，下面我们将简单介绍"集合"、"拓扑"和"点集拓扑"的概念。

集合的定义

一般地，将某些指定的对象集在一起就成为一个集合，简称集。如"中国的56个民族"、"太平洋、大西洋、印度洋、北冰洋"均组成一个集合。构成集合的每个对象叫做这个集合的元素。元素与集合之间存在着"属于"与"不属于"的关系。集合具有三个要素，即集合元素的确定性、互异性和无序性。集合的表示方法主要有：列举法，针对元素个数有限的集合；描述法，主要针对元素个数无限的集合，无法一一列举的集合；图示法，运用图形所占面积、位置关系等来表示特定集合。集合常用大写的英文字母A、

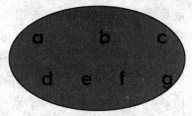

◆集合 {a、b、c、d、e、f、g}

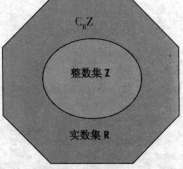

◆实数集 R 包含整数集 Z

B、C⋯⋯表示，元素常用小写的拉丁字母 a、b、c⋯⋯表示。

特定的数集在一起就组成了数集。常用的数集及其表示符号如下：

全体非负整数组成的集合称为非负整数集（或称自然数集），用字母 N 表示；全体整数组成的集合简称为整数集，记做 Z；全体有理数组成的集合简称为有理数集，记做 Q；全体实数组成的集合简称为实数集，记做 R。

集合与集合之间存在三种运算关系，即并集、交集和补集。集合 A 与集合 B 的并集，记做 A∪B（或 B∪A）；集合 A 与集合 B 的交集，记做 A∩B（或 B∩A）；集合 U 对集合 A 的补集，记做 C_UA。

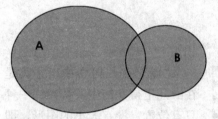

◆集合 A 与集合 B 的并集 A∪B

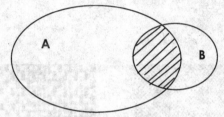

◆集合 A 与集合 B 的交集 A∩B

拓扑的定义

假设 X 是一个非空集合，T 是 X 的一个子集族，如果 T 满足以下条件，我们称 T 为 X 的一个拓扑。

（1）X 和空集 ∅（即不包含任何元素的集合）都属于 T；

（2）T 中任意多个成员的并集仍然在 T 中；

（3）T 中有限多个成员的交集仍然在 T 中。

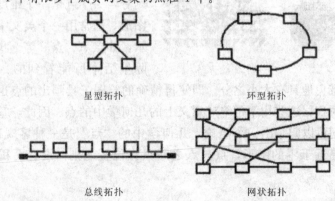

星型拓扑　　　　　　环型拓扑

总线拓扑　　　　　　网状拓扑

◆网络拓扑结构

这三个条件又称为拓扑公理。同时，我们称集合 X 和它的拓扑 T 为一个拓扑空间，记做 (X，T)。

点集拓扑

点集拓扑学，也被称为一般拓扑学，是用点集的方法研究拓扑不变量的拓扑学分支。点集拓扑学产生于 19 世纪，主要起源于点集、流形、度量空间以及早期的泛函分析等领域。

几何学中的"点"是一种最简单的几何图形，是构成其他复杂空间图形的基本元素。因空间维度不同，"点"的性质和表示方法具有一定的差异。

点的大小

◆点

"点"在几何学中，尤其是在欧几里得几何中，被视为一种只有位置，没有大小的图形，即"点"形的面积为零。这一性质与我们日常生活中所能见到、画出的"点"形具有很大的差异。

"点"作为欧几里得几何的基础，被欧几里得定义为"没有部分的东西"。以空间的维度来划分，一个点是一个维度为零的图形，通常用一个英文字母来表示，如点 A、点 a 等。我们在实际生活中所能看到的、画出的点，不可避免地具有大小之分，即使再精确的绘图工具画出的点也具有或大或小的面积，这些均不是绝对意义上的几何学中的点。因此，基于极限思想，我们可以归结出一个结论：几何学中的"点"是一种客观存在的、面积无限趋近于零的图形，点与点之间只有位置之别，没有面积的大小之分。

TUXING
QUHUA

名人介绍——伟大的数学家欧几里得

欧几里得（约公元前330年—公元前275年），古希腊著名数学家，欧氏几何学的开创者，被誉为"几何之父"。他出生于雅典，求学于"柏拉图学园"，活跃于亚历山大里亚。欧几里得对柏拉图的数学思想，尤其是几何学理论进行了深入学习，后在亚历山大对几何学著作进行了潜心研究，几经易稿最终写出几何学的传世之作——《几何原本》，并孕育出一个全新的数学研究领域——欧几里得几何学，简称欧氏几何。

◆欧几里得

《几何原本》

《几何原本》是欧几里得最著名的几何学著作，被誉为历史上最成功的教科书而被广泛应用于世界各国。该书实现了几何学的系统化、条理化，囊括了几何学从公元前7世纪起源于古埃及到公元前4世纪欧几里得生活时期的数学发展历史，论述了平面几何、立体几何、数论等内容，构成了现代数学的基础。《几何原本》提出了几何学的"根据"，构建了几何学的逻辑结构。《几何原本》的诞生，标志着几何学已经成为一门有着比较严密的理论系统和科学方法的学科。

1607年，意大利传教士利玛窦和中国学者徐光启将《几何原本》翻译成汉语，首次将欧几里得几何学及其严密的逻辑体系和推理论证方法引入中国。该书成为我国最早的几何学教材。

13卷视图全本
几何原本
[古希腊]欧几里得 原著
建立空间秩序最久远最权威的逻辑推演语系
The Thirteen Books
of The Elements

◆《几何原本》封面

欧氏几何

欧氏几何是欧几里得几何学的简称，是几何学的一个重要分支。公元前4世纪，欧几里得基于当时已有的几何学著作，进行深入公理化、系统化研究，把人们公认的一些几何知识作为公理和定义，并在这些定理基础上开展图形性质的研究，进而推理论

◆欧氏几何

证得出几何学的逻辑演绎公理体系，形成了欧氏几何。

欧氏几何将事物的直观性和严密的逻辑演绎方法结合起来，一直被公认为是培养、提高几何学习者逻辑思维能力的重要工具。根据所研究的图形存在于平面或者空间，欧氏几何又分为平面几何和立体几何。

点的表示

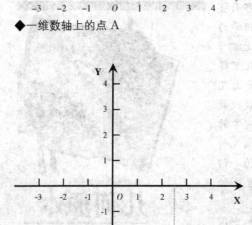

◆一维数轴上的点 A

◆二维平面坐标系中的点 A (2.5，−2)

"点"在几何系统中，尤其是在欧几里得几何学中，是图形的最基本的组成部分，基于所讨论空间的维度不同，"点"的表示格式也不相同。

一个点是一个零维图形，通常使用一个字母来表示；在一维空间中，一个点与一维数轴上的一个数相对应，即一个点可以用与其对应的数来表示；在二维欧氏空间中，一个点与一个有序实数对相对应，即点可以用与其对应的二维实数对（a，b）来表示（通常情况下 a 代表该点所在平面坐标系中水平方向的位置，b 代表该点竖直方向上的位置）；在

三维欧氏空间中，一个点可以用与其对应的有序三元实数组（a，b，c）来表示（a、b所表示的含义与二维空间相同，c代表该点在三维空间中的深度）；点的这种表示方法可以推广到 N 维空间中，即一个点可以用与其所对应的有序 n 元实数组（a_1，$a_2 \cdots a_n$）来表示，其中 a_i（$1 \leq i \leq n$）代表该点所在 n 维空间的第 i 个维度方向上的位置。

线

"线"的含义很多，但作为一个几何学名词，意指一个点任意移动所形成的图形，主要包括直线和曲线。

直线

◆马路直线

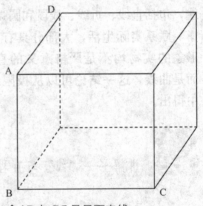

◆AD 与 BC 呈异面直线

在日常生活中，我们认为一根笔直的竹竿、一根拉紧的电线都是直线，究竟什么样的线是直线？直线具有什么特征？几何中的直线与生活中的直线有没有差异？

直线是几何学中的基本图形，是点在空间内沿着固定（相同或者相反）方向运动的轨迹。纯粹意义上的直线是不具有端点、向两端无限延伸、不可测量长度、不具有粗细之分的一维图形。

在欧几里得几何中，直线只是一个直观的几何对象；在非欧几何中，直线是指连接两点之间最短的线。概括而言，直线与直线之间具有重合、

平行、相交和异面四种关系。对于重合、平行和相交，我们在平面几何中已经进行了系统的学习，而存在于空间几何中的异面直线是指不同在任何一个平面内的两条直线。异面直线既不平行，也不相交。异面直线之间存在夹角，距离可测。

曲线

不同于直线的是，曲线是动点运动方向连续变化而形成的轨迹。曲线是三维和多维空间图形研究的重要内容，在不同学科背景下具有不同的性质。如微分几何主要研究的正则曲线规定：任何一条连续的线条都称为曲线，包括直线、折线、线段和圆弧等。

联系实际生活，大部分具有直线形象的实物均不是严格意义的直线，而是曲线。这一结论可以从极限思想中得出。

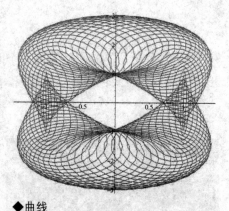

◆曲线

讲解——"线"与方程

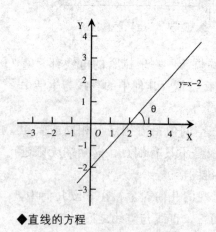

◆直线的方程

基于"线"的定义不难得出，线是动点运动所产生的轨迹。点在坐标系中与特定的实数对相对应，那么线是否可以借助点的坐标来描述呢？这正是解析几何所研究的内容。解析几何认为，空间中的"线"是可以通过"点"的轨迹来描述的，即线的方程。

我们以最简单的平面直线为例来探讨"线"与方程的关系。直线公理指出，过两点有且只有一条直线，即两点确定一条直线。直线上的点均满足直线的方程，满足直线方程的点都在直线上，这就是直线与其方程之间存在的关系。基于解析几何的研究方法，任何一条直线均具有一个特定的倾斜角度，通常称直线与 X 轴正方向的夹角为该直线的倾斜角，称该角的正切值为该直线的斜率，称直线与某个坐标轴相交点的坐标为该直线在该坐标轴上的截距。平面直线的方程可以用方程 y＝kx＋b 来表示，x 是自变量，y 是因变量，k 是斜率，b 是直线在纵坐标轴上的截距。

面

"面"一词更多是指一种由面粉制成的食物，而这里讲述的"面"是指存在于几何空间中的一种图形。基于"面"的形成要素不同，我们重点来介绍平面和曲面两种图形。

平面

平面被定义为"平面形象的无限延展"，不少数学教师称风平浪静的大海水面为平面。剖析其定义，平面是一种存在于二维空间的、无限延展的、没有高低曲折的一种图形。具体分析，平面的实质是二维空间中直线运动所产生的轨迹。

◆海平面

平面的画法：通常情况下，平面可以用一个平行四边形代替。将平行四边形的锐角画成 45°，钝角画成 135°，横边是邻边的 2 倍。

平面的表示：在几何图形的学习过程中，将希腊字母 α、β、γ 标注

◆平面 α

◆平面 ABCD

在代替水平平面的平行四边形的一个角上，称为平面 α、平面 β、平面 γ；或者使用平行四边形四个顶点的字母 A、B、C、D 来表示，称为平面 ABCD。

曲面

曲面是一条动线（直线或者曲线），按照一定的运动规则，在空间连续运动而产生的轨迹。

如图所示，曲面是由平行于直线 L 的直线 AA_1，沿着曲线 ABCN 连续运动而形成的。我们将 AA_1 这条动线（直线或者曲线）称为该曲面的母线，将控制母线运动的线、面分别称为导线和导面，直线 L 和曲线 ABCN 分别被称为该曲面的直导线和曲导线。

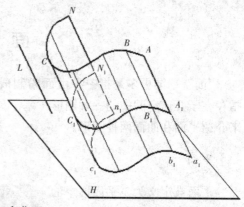
◆曲面

依据不同的分类标准，曲面可以被分为：直线面，由直母线运动而形成的曲面；曲线面，由曲母线运动而形成的曲面；回转面，由直母线或曲母线绕着一个固定的轴线回转而形成的曲面；非回转面，由直母线或曲母线依据固定的导线、导面移动而形成的曲面。

◆曲面建筑

TUXING
QUHUA

小贴士——点、线、面的关系

基于上文对点、线、面的学习，我们来探讨三者之间的关系。

"点"被视为维度为0的几何图形，只有位置没有大小；"线"被视为可以无限延伸的几何图形，是由一个动点连续运动而形成的，即点的轨迹；"面"被视为可以无限延展的几何图形，其实质是一条动线连续运动所形成的轨迹。概括而言，三者之间的关系可以简单地归结为："点"形成"线"，"线"形成"面"。

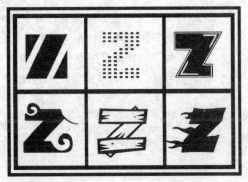

◆点、线、面

链接高考——点、线、面

2010年全国高考已拉下帷幕，四川高考试题中给出了这样一个题目："一个点可以构成一条线，也可以构成一个平面，也可以构成一个立体"，根据这段文字自拟题目，写一篇不少于800字的文章。题干中潜藏着点、线、面三者之间的关系。

◆点、线、面、体

拓展思考

1. 学习了点的表示方法后，对于点的集合"点集"应该怎样来表示？

2. "线"能不能进行长度测量？有没有面积？

3. "面"的特征有哪些？"面"与多面体之间存在什么样的关系？

二维胞兄——平面图形

在学习数学的过程中，二维平面图形是我们最早接触的几何图形。平面图形所具有的公理、定理在三维空间中同样成立。对二维平面图形性质、特征的学习，为后续三维空间图形的学习奠定基础。

基于二维平面的视角来分析多维空间中的几何体，我们不难发现，任何多维几何体在二维平面上均具有一个平面图形与之对应。具体而言，将任何一个几何体投射到特定的平面上，所得的射影就是该几何体在所讨论平面上的几何图形。平面几何图形具有规则与不规则之分，具有面积大小之别。

◆平面图形

规则平面图形

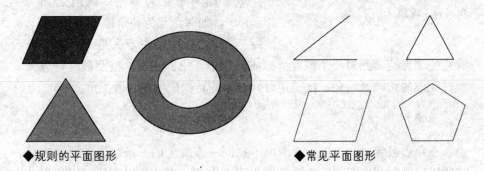

◆规则的平面图形　　　　　　　◆常见平面图形

判断一个图形是否是平面图形的关键在于确定构成图形的点是否全部在同一平面内。一般情况下，凡是画在一张纸上的图形均可以称为平面图形。规则的平面图形是我们讨论的重点。

平面公理中指出，两条相交的直线确定一个平面。从小学数学开始，我们陆陆续续学习了一些常见的规则的平面图形，主要包括：平面角、三角形、四边形、多边形、圆形以及各种简单平面图形的组合。下面我们将简单介绍常见平面图形的性质和面积计算。

平面角

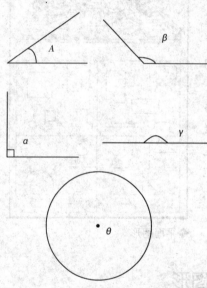

◆锐角（A）、直角（α）、钝角（β）、平角（γ）、周角（θ）

平面角在几何学中被定义为具有公共点的两条射线所组成的图形。其实质是由两条相交的直线的一部分所确定的几何图形。公共端点叫做角的顶点，两条射线叫做角的两条边。通常使用符号"∠"来表示角。根据角度的大小，可以将平面角分为锐角（大于 0°，小于 90°）、直角（等于 90°）、钝角（大于 90°，小于 180°）、平角（等于 180°）、圆周角（等于 360°）。我们通常将角度大于 0°小于 180°的角叫做劣角，将角度大于 180°小于 360°的角叫做优角。两角之和为 90°，则两角互为余角；两角之和为 180°，则两角互为补角。

平面角的动态定义是一条射线绕着它的端点旋转到另一个位置所形成的图形。由此定义，按照顺时针方向旋转而成的角叫做负角；按照逆时针方向旋转而成的角叫做正角。

三角形

三角形被定义为由同一平面内不在同一直线上的三条线段首尾顺次相接所组成的封闭图形。三角形的内角和为 180°，由此可以得出，三角形的

相亲相爱一家人——几何图形集锦

任意一个外角等于另外两个内角的度数之和。三角形任意两条边的边长之和一定大于第三边，任意两边之差一定小于第三边。三角形的种类按照边长来分，有不等边三角形、等腰三角形和等边三角形；按照内角度数来分，有锐角三角形、直角三角形和钝角三角形。

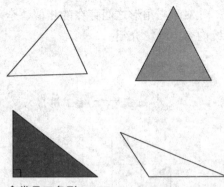

◆常见三角形

三角形具有"五心"和"四圆"。"五心"包括：重心、垂心、内心、外心和旁心。重心是指三条中线的交点；垂心是指三条高的交点；内心是指三条内角平分线的交点；外心是指三条边上的垂直平分线的交点；旁心是指一条内角平分线与其不相邻的两个外角平分线的交点。"四圆"包括：内切圆、外接圆、旁切圆和欧拉圆。内切圆是以内心为圆心，与三角形的三条边均相切的圆；外接圆是以外心为圆心，三角形的三个顶点都在圆周上的圆；旁切圆是以旁心为圆心，与三角形的一条边和另两条边的延长线相切的圆；欧拉圆，又称"九点圆"，是三个欧拉点（三个顶点到垂心连线的中点）、三边中点和三条高的垂足，九个点共圆的圆。

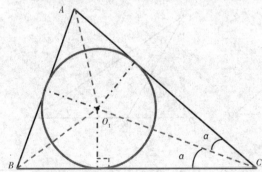

◆三角形的内心、内切圆

（如图所示，O_1 是三角形 ABC 三条内角平分线的交点，即内心。O_1 到三角形 ABC 三条边的距离均相等。圆 O_1 是三角形 ABC 的内切圆。）

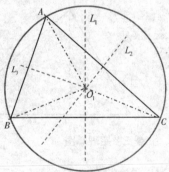

◆三角形的外心、外接圆

（如图所示，O_1 是三角形 ABC 三边中垂线的交点，即外心。圆 O_1 是三角形 ABC 的外接圆。）

对于三角形之间存在的相似、全等、对称、旋转等变换，我们将在后续内容中继续介绍。

小贴士——解三角形

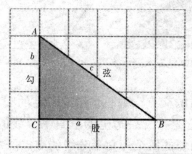

$$AC^2 + BC^2 = AB^2 \Rightarrow AB = \sqrt{AC^2 + BC^2}$$

◆勾股定理

我们求解直角三角形时，通常使用勾股定理。勾股定理又称"毕达哥拉斯定理"。勾股定理的内容是指直角三角形的两条直角边长的平方之和等于斜边长的平方，用公式表示即为 $a^2+b^2=c^2$，其中 a、b 表示直角三角形两条直角边的边长，c 表示斜边边长。

对于普通三角形的求解，通常使用正弦定理和余弦定理及其公式的变型。

在三角形 ABC 中，$\angle A$、$\angle B$ 和 $\angle C$ 三个角对应的三条边的长度分别为 a、b 和 c。

正弦定理公式为：$\dfrac{a}{\sin A}=\dfrac{b}{\sin B}=\dfrac{c}{\sin C}=2r$，其中 r 表示外接圆的半径。

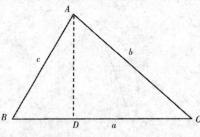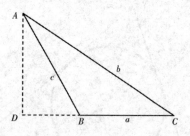

◆正弦定理算图

余弦定理公式为：$a^2=b^2+c^2-2bc\times\cos A$；$b^2=a^2+c^2-2ac\times\cos B$；$c^2=a^2+b^2-2ab\times\cos C$。

余弦定理公式的变型：

$\cos A=(b^2+c^2-a^2)/2bc$；$\cos B=(a^2+c^2-b^2)/2ac$；$\cos C=(a^2+b^2-c^2)/2ab$。

勾股定理、正弦定理和余弦定理将三角形的边长和角的度数衔接起来，促使

相亲相爱一家人——几何图形集锦

TUXING QUHUA

二者之间的相互转换。

四边形

在同一个平面内，由不在同一条直线上的四条线段依次首尾相接所形成的封闭图形被定义为四边形。四边形分为凸四边形和凹四边形。凸四边形是指，画出四边形中任意一条边所在的直线，其余各边均在这条直线一侧的四边形，如平行四边形、梯形等；凹四边形是指，画出四边形任意一边所在的直线，其余各边分布在这条直线两侧的四边形。

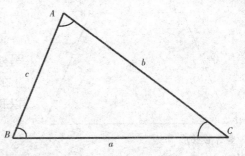

◆余弦定理

平行四边形是指两组对边分别平行的四边形。其基本性质包括：对边平行且相等、对角相等、邻角互补、两条对角线互相平分、以对角线的交点为中心对称。这些性质为我们研究平行四边形的特征，判定一个四边形是否是平行四边形提供了依据。常见的平行四边形有矩形、菱形、正方形等。作为平行四边形的分支，这些四边形均满足平行四边

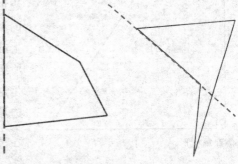

◆凸四边形、凹四边形

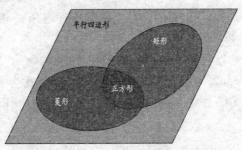

◆矩形、菱形、正方形

形所具有的基本性质，同时各自又具有不同的性质。矩形的四个角都是直角、对角线相等；菱形的四条边均相等、对角线互相垂直、对角线平分对角；正方形将矩形和菱形的特征融合在一起，是一种边长相等的矩形，是一种四个角均为直角的菱形。

梯形不同于平行四边形，梯形是一组对边平行而另一组对边不平行的四边形。相平行的一组对边分别称为上底和下底，不相平行的一组对边称

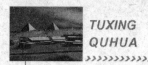
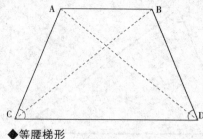

◆等腰梯形

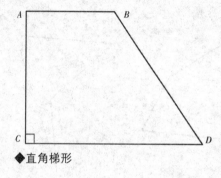

◆直角梯形

为腰。两腰相等的梯形叫做等腰梯形；一腰垂直于底边的梯形叫做直角梯形。另外，等腰梯形在上底（或下底）边上的两个角相等，且对角线相等，是以底边中垂线为对称轴的轴对称图形。

多边形

多边形的定义类似于三角形和四边形的定义。多边形是由同一个平面内不在同一条直线上的三条或三条以上的线段首尾顺次相连接且互不相交所组成的封闭图形。三角形、四边形是最简单的多边形。类似于凸、凹四边形，多边形可以分为凸多边形和凹多边形，凸多边形又可称为平面多边形，凹多边形又可称为空间多边形。多边形还可以分为正多边形和非正多边形，正多边形是指各边和各内角都相等的多边形，如正三角形、正方形、正五边形等。

任意 n 边形的内角和等于（n－2）180°；任意凸多边形的外角和等于360°。n 边形对角线条数的计算公式为 n（n－3）/2。对于多边形的内角和、外角和我们将在欧拉公式一节中详细介绍；对于对角线条数的计算，

◆星形多边形

◆正多边形

我们可以用数学归纳法或者概率论知识进行证明。

圆形

圆形是一种特殊的几何图形，是指在同一个平面内，长度一定的一条线段 OA 绕某一个固定的点 O 旋转一周所得到的封闭图形，线段 OA 被称为圆的半径，定点 O 被称为圆的圆心。圆的半径长度可以确定圆的大小，圆心可以确定圆的位置。通常使用符号"$\odot O$"来表示以点 O 为圆心的圆，读做"圆 O"。

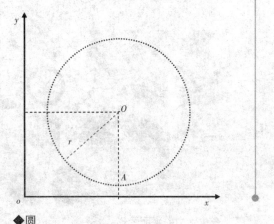
◆圆

用集合的理论来定义圆，圆表示到定点距离等于定长的点的集合。假设 $\odot O$ 的圆心坐标为 (a, b)，圆的半径为 r，根据圆的集合定义，任一圆上点的坐标 (x, y) 应该满足方程 $(x-a)^2 + (y-b)^2 = r^2$，该方程又称为圆 O 的方程。

圆环是由两个圆心相同、半径不等的圆形组合而成。具体而言，圆环是由大小不一的两个同心圆组合而成。假设大圆的半径为 R，小圆的半径为 r，圆心 O 的坐标为 (a, b)，则圆环上的点应该满足不等式 $r^2 \leqslant (x-a)^2 + (y-b)^2 \leqslant R^2$。

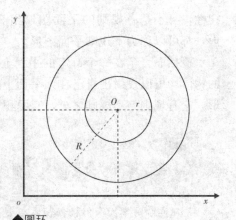
◆圆环

圆形面积的计算公式为：$S = \pi r^2$；

圆环面积的计算公式为：$S = \pi R^2 - \pi r^2 = \pi (R^2 - r^2)$。

不规则平面图形

◆生活中的平面图形

与规则的平面图形相比较，不规则的平面图形与实际生活的联系更加紧密，在生活世界中随处可见。根据上文提及，所有的平面图形都是由点、线所构成的，而线是点运动所产生的轨迹，因此可以归结出，所有的平面图形都是一些点的集合。据此得出，凡是构成图形的点均存在于同一个平面内，动点的运动不具有规律性，且不是由规则的平面图形组合而成，即没有规则可遵循的几何图形，都可以称为不规则平面图形。

概括而言，在一个特定的平面上，规则的、不规则的、平面的、立体的物体均可以投射出自己在该平面上的射影。物体的射影就是一个平面图形，它有规则与不规则之分，有面积大小和位置远近之别等。

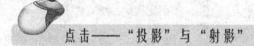

点击——"投影"与"射影"

早在远古时期，人们根据物体在太阳光照射下所产生的射影长度的变化情况，总结创造出古老的计时工具、天文观测工具和方向判断工具，开启了研究"射影"之门。

"投影"和"射影"既可以被看做动词，也可以被看做名词，二者在本质上没有差异，可以互相代替。初中数学教材指出，一般地，用光线照射物体，在某个平面（地面、墙壁等）上得到的影子叫做物体的投影（或射影）。照射光线称为投影线，投影所在的平面称为投影面。由一组相互平行的光线（如太阳光、探照灯等）照射而产生的投影叫做平行投影；由同一个点（即点光源）照射形成的投影叫做中心投影。投影线垂直于投影面所产生的投影叫做正投影。

在对向量知识的学习中，涉及向量的射影问题，值得我们注意。设两个非零向量 a 与 b 的夹角为 θ，则将（｜b｜·cosθ）叫做向量 b 在向量 a 方向上的投影。其实质就是将向量 b 投射到向量 a 所在方向上所得到的射影。

◆影子

拓展思考

　　1. 注意观察你身边的事物，哪些事物具有平面图形的形象？你能列举出几种呢？

　　2. 分析不规则平面图形，你会得出什么结论？

　　3. 分别使用数学归纳法和概率思想，证明多边形对角线的条数公式？

　　4. 使用上文中的平面图形你能组合出哪些其他图形？

三维胞弟——空间图形

◆教室空间图形

三维立体图形是高中几何学习的核心内容。基于上节平面图形知识的介绍，这节我们来介绍空间图形的性质和特征。

三维空间是人类实际生活的空间，空间图形是对现实世界中事物的真实描述。现实生活中的课本、桌子、教室、足球等都是三维的。三维空间图形是将客观存在的物体抽象成空间图形来进行研究。这为我们探究自然世界、开发自然世界提供了强有力的工具。

多面体

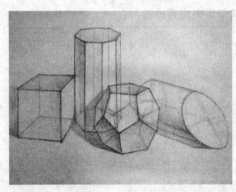

◆多面体

多面体是由若干个平面多边形所围成的几何体，如棱柱、棱锥、棱台等。围成多面体的各个平面多边形叫做多面体的面；相邻两个面的公共边叫做多面体的棱；棱与棱之间的公共端点叫做多面体的顶点。多面体至少具有四个面，将多面体的任何一个面延展成平面，如果其他各个面都在这个平面的同侧，这样的多面体叫做凸多面体。

相亲相爱一家人——几何图形集锦

按照多面体具有的面的数量分别叫做四面体、五面体、六面体等。生活中接触的食盐、明矾等晶体均具有多面体的形状特征。

棱柱

棱柱是一种最简单的多面体，该多面体具有两个相互平行的面，而其余各面均是四边形，且每相邻两个四边形的公共边均互相平行。棱柱中两个相互平行的面叫做棱柱的底面；其余各个面叫做棱柱的侧面；两个侧面的公共边叫做棱柱的棱；两个底面之间的公垂线段叫做棱柱的高。棱柱的顶点是指侧面与底面的公共顶点，棱柱的对角线是指棱柱中不在同一平面上的两个顶点的连线，棱柱的对角面是指棱柱中不相邻的两条侧棱的截面。我们将侧棱垂直于底面的棱柱叫做直棱柱，否则，叫做斜棱柱；底面是正多边形的直棱柱叫做正棱柱。

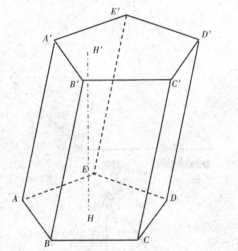

◆斜五棱柱

如图所示棱柱，用表示底面各顶点的字母来表示，记作棱柱$ABCDE$—$A'B'C'D'E'$；五边形 $ABCDE$ 和 $A'B'C'D'E'$ 是底面；四边形 $ABB'A'$ 和 $BCC'B'$ 等是侧面；AA' 和 BB' 等是侧棱；HH' 是棱柱的高；A、A'、B、B' 等是棱柱的顶点。

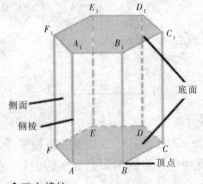

◆正六棱柱

认真观察，你会发现棱柱的各个侧面都是平行四边形；所有的侧棱均平行且相等；棱柱的对角面都是平行四边形；直棱柱的各个侧面和对角面都是矩形。这些特征与我们常见的长方体、正方体等平行六面体的性质是相吻合的。

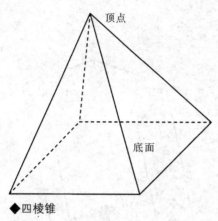

◆四棱锥

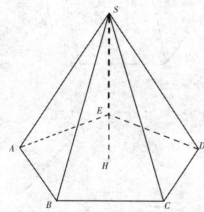

◆正五棱锥

棱锥

对于棱锥形状的物体，我们并不陌生，如野营的帐篷、埃及的金字塔等。由这些实物可以分析得出棱锥的定义及性质。如果一个多面体的一个面是多边形，其余各个面是具有一个公共顶点的三角形，那么这个多面体叫做棱锥。棱锥的底面是指棱锥中唯一的非三角形所在的面；其余各个面均叫做棱锥的侧面；相邻侧面的公共边叫做棱锥的侧棱；各个侧面所具有的公共顶点叫做棱锥的顶点；顶点到底面的距离叫做棱锥的高。通常使用表示顶点和底面的字母来表示棱锥，如棱锥 $S-ABCDE$。

如左图所示，棱锥 $S-ABCDE$ 中，S 为棱锥的顶点，线段 AS、BS、CS 等为棱锥的侧棱，线段 SH 为棱锥的高，五边形 $ABCDE$ 为棱锥的底面，面 SAB、SBC、SCD 为棱锥的侧面。

根据底面多边形的特征，棱锥可以分为三棱锥、四棱锥、五棱锥等。如果一个棱锥的底面是正多边形，并且棱锥顶点的射影在底面的中心，则称该棱锥为正棱锥。正棱锥是我们学习多面体知识的重点。正棱锥的各条侧棱均相等，各侧面都是全等等腰三角形，各等腰三角形底边上的高叫做正棱锥的斜高。

棱台

如果棱锥被平行于棱锥底面的平面所截，那么截面和底面平行且相似，底面和截面之间的部分就构成了棱台。根据被截棱锥的性质，棱台分为三棱台、五棱台等；正棱锥截得的棱台叫做正棱台。

类似棱锥的定义，面 $A'B'C'D'$ 和 $ABCD$ 分别叫做棱台的上底面和下底面，面 $AA'B'B$ 等叫做棱台的侧面，线段 AA'、$B'B$ 等叫做棱台的侧棱，线段 OO' 叫做棱台的高。

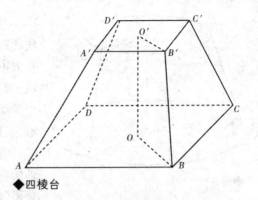

◆四棱台

旋转体

旋转体与上节介绍的曲面具有一定的相似之处。一条平面曲线绕其所在平面内的一条定直线旋转而形成的曲面叫做旋转面，由旋转面围成的几何体叫做旋转体。常见的旋转体包括圆柱、圆锥、圆台和球体等。

◆陀螺

圆柱、圆锥、圆台

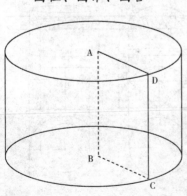

◆圆柱

分别以矩形的一条边、直角三角形的一条直角边、直角梯形中垂直于底边的腰所在的直线为旋转轴，其余各边绕轴旋转一周所得到的曲面叫做旋转面，旋转面所围成的几何体分别称为圆柱、圆锥、圆台。旋转轴叫做它们的轴；轴的长度叫做它们的高；垂直于轴的边旋转而形成的圆面叫做它们的底面；不垂直于轴的边旋转而成的曲面叫做它们的侧面。

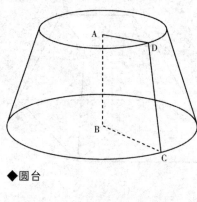

◆圆台

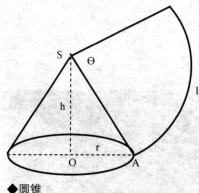

◆圆锥

基于圆柱的定义，将其侧面沿着圆柱的高展开，将会得到一个正方形或者长方形，这为我们求解圆柱的侧面积提供了帮助。如果用经过旋转轴的任意一个平面去切割圆柱体，所得截面都是矩形，且这些矩形均全等。

将圆锥的侧面沿着其母线（即旋转轴所在的直角三角形的斜边）展开，将会得到一个扇形图案，这个扇形图案的面积就是圆锥的侧面积。如果使用经过旋转轴的任意一个平面去切割圆锥体，将得到一系列彼此全等的等腰三角形。

根据圆锥侧面的展开情况，将圆台沿着其母线展开，将会得到一个类似于扇形的环形图案，这就是圆台侧面的展开图形。使用经过旋转轴的一个平面去切割圆台体，将会得到一系列彼此全等的等腰梯形。

球体

球体是一种重要的旋转体。任意一个半圆以自身的直径为旋转轴，绕其旋转一周所形成的曲面叫做球面，所形成的几何体叫做球体，简称球。球体的集合定义是指，空间中到定点的距离等于或小于定长的点的集合所组成的图形。区别于球体的定义，球面是指在空间中到定点的距离等于定长的点的集合所形成的封闭图形，即球的表面。定点叫做球的球心，定长

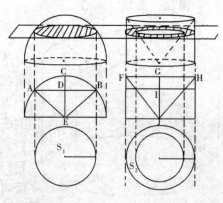

◆球体计算

叫做球的半径。

　　用一个平面去截一个球体，所得截面是圆形。根据球体的集合定义，假设球心坐标为（a，b，c），球体的半径是 r，则球面上的点（x，y，z）满足方程 $r^2 = (x-a)^2 + (y-b)^2 + (z-c)^2$。球体的体积计算公式为 $V = \frac{4}{3}\pi R^3$，球的表面积计算公式为 $S = 4\pi R^2$。对于球的体积、表面积计算公式的推导，通常使用积分的思想和方法来进行，这里不作证明。

拓展思考

　　1. 日常生活中，哪些物体具有上文讲述的这几种多面体和旋转体的形象？

　　2. 上文提及的这几种多面体、旋转体的体积和表面积应该如何来计算？

　　3. 查阅相关资料，你能否借助积分的方法来证明球的体积公式和表面积公式？

不分正反——奇妙的麦比乌斯圈

◆四维拓扑

在二维平面图形和三维立体图形的介绍中，我们关注的重点是与实际生活联系密切的规则图形，然而，你是否遇到过这样的空间图形？如左图所示是一条呈 S 型的扭曲的网带，将一只蚂蚁放置于网带的一侧，无论这只蚂蚁沿着网带怎么爬，它永远爬不出这个 S 型网带。你还将发现，这只蚂蚁一直辗转反复地爬行在网带的两侧，而非一侧，也就是说，在蚂蚁爬行过程中，这个网带是不分内侧和外侧的。这就是奇妙的拓扑空间图形——麦比乌斯圈。

拓扑空间

关于拓扑的定义，我们在上文已经有所介绍。基于拓扑定义的学习，我们进一步来阐述拓扑空间的定义。

拓扑空间是指一个集合 X 以及 X 的一个子集族 σ，σ 的元素被称为开集。假定（X，σ）满足以下三个条件：（1）X 与空集 σ 是开集，（2）任意两个开集的交也是开集，（3）任意多个开集的并集也是开集，则 X 称为拓扑空间。如果 a 是 X 的元素，则把子集族 σ 中包含 a 的那些开集称为 a 的邻域。如果 X 是一个拓扑空间，Y 是 X 的一个子集，则 Y 也成为一个拓扑空间，其对应的子集族是 σ 中的子集与 Y 的交，这样的拓扑也称为 X 的子拓扑。

相亲相爱一家人——几何图形集锦

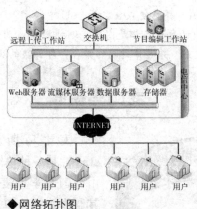

◆网络拓扑图

子集、开集

子集是指一个特定集合中的一部分所形成的集合，亦称部分集合。具体而言，对于两个集合 A 和 B，如果集合 A 中的任何一个元素都在集合 B 中，即集合 A 包含于集合 B 中，我们则称集合 A 为集合 B 的子集。对于集合 B 的子集集合 A，如果集合 B 中至少存在一个元素不属于集合 A，则称集合 A 是集合 B 的真子集。空集是任何集合的子集，是任何非空集合的真子集。任何一个集合是它本身的子集。

基于子集的定义，将一个集合 B 的所有子集 A₁，A₂，A₃……视为元素，这些元素集簇起来就形成了集合 B 的子集族。

开集是拓扑学中最基本的概念之一。学习开集的定义之前我们先来学习内点的定义。所谓内点 a 是指，在一个集合 A 中，无论点 a 的位置如何，总能够找到一

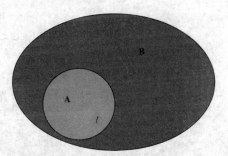

◆集合 A 是集合 B 的子集

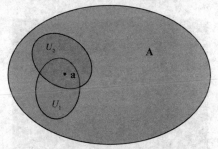

◆点 a 是集合 A 的内点

个集合 U 包含于集合 A，并且使点 a 在集合 U 中。

如果一个集合 A 中的每个点都是内点，则称集合 A 为开集。拓扑空间 X 的实质就是一系列开集满足交、并运算封闭的集合，即开集的交集、并集仍然是开集。

麦比乌斯圈

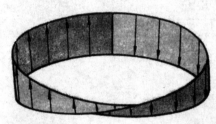

◆麦比乌斯圈

麦比乌斯圈（M&ouml；bius strip）是一种单侧、不可定向的曲面，由德国数学家麦比乌斯发现而得名。其制作非常简单，拿出一条长方形的纸带 ABCD，固定长方形的一端 AB，将另一端 CD 扭转，把 AB 和 CD 边粘结起来，得到的一个曲面就是麦比乌斯圈，又称为麦比乌斯带。

动动手

拿出一张长方形纸带，按照麦比乌斯圈的制作要求，粘结长方形纸带的两端，认真观察麦比乌斯圈的特点。

轶闻趣事——麦比乌斯圈的诞生

◆一个面的麦比乌斯圈

若干年前，曾有人提出这样一个问题，首先使用一个长方形的纸条，将其首尾粘结，做成一个纸圈。然后只能使用一种颜色，对纸圈上的一个侧面进行涂色。要求把整个纸圈全部涂抹成一种颜色，且不留任何空白。请问这个纸圈应该怎样粘结？

答案只有一个，如果按照常规模式进行粘结，则必然得到一个具有两个面的纸圈，不能满足涂色要求，因而只能将纸条粘结成只具有一个面的封闭曲面。

数百年间，经过许多数学家认真探索、反复研究一直没有结果，后来被德国数学家麦比乌斯攻破。据记载，该问题能够得以解决，思想灵感来源于"一只甲虫"。在麦比乌斯长期思索终不得果的情况下，有一天，他到野外去散步，在一块玉米田旁，眼前宽大的玉米叶子在他头脑中变成了"绿色的纸条儿"。他认真地观察着、思考着，被太阳照射后的玉米叶子扭曲成半圆形耷拉下来，他不禁大喜。回到实验室，他裁剪出一条纸带，固定一端，将另一端扭转粘结在一起，这样就得到了他梦寐以求的麦比乌斯圈。然后，麦比乌斯捉了一只甲虫，放在制成的纸带上让它爬，结果小甲虫在不翻越任何边界的情况下爬遍了纸带的任何部分，甲虫的足迹证明了纸带只有一个面。

 实验——探索麦比乌斯圈的性质

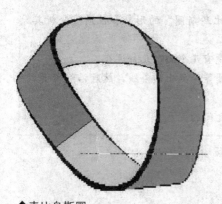

◆麦比乌斯圈

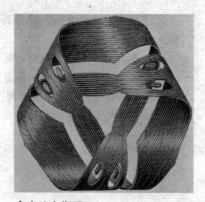

◆麦比乌斯圈

实验一：按照要求制作一个麦比乌斯圈，在其一个侧面放置一只蚂蚁，诱导蚂蚁沿着纸带爬行，你能有什么发现？

现象和结论：蚂蚁沿着纸带的侧面一直爬行，由于纸带首尾相接，它永远爬不到头。在没有翻越任何边界的情况下，蚂蚁可以爬过纸带的任何一个地方，这证明麦比乌斯圈只有一个面、一个边。

实验二：如果在裁好的一张纸带正中间画一条线，将这条纸带粘结成麦比乌斯圈，然后沿线将纸带剪开，将此圈一分为二，你能有哪些发现？

现象和结论：按照常理，一个圈剪开后变成两个圈，但是将麦比乌斯圈剪开

后竟然得到的是一个大圈儿，而不是两个圈。剪开后将会形成一个比原来的麦比乌斯圈空间大一倍的、具有正反两个面的纸带。

实验三：如果在裁好的一张纸带上画上两条线，将纸带三等分，将这条纸带粘结成麦比乌斯圈，然后使用剪刀沿着所画的线剪开，你会发现剪刀绕着两个圈竟然再次回到出发点。请思考一下，剪开后的纸带是什么样子呢？是一个大圈？还是三个小圈？

现象和结论：你将发现剪刀行走的轨迹是首尾相接的。剪开后将会得到两个大圈儿（与实验二形成的大圈儿空间相等），这两个圈具有正反两个面，且相互套在一起。

拓展思考

1. 观察身边的事物，哪些具有"麦比乌斯圈"的形象和性质？分析其特点。

2. 制作一个麦比乌斯圈，观察它究竟有几个面？几条边？

3. 类似于实验三，将一条麦比乌斯圈等距画出四条线，然后沿线剪开，你会得出什么结论？探究其原因。

4. 讨论分析，麦比乌斯圈与拓扑学之间的关系？

不分里外——怪异的克莱因瓶

麦比乌斯圈给我们呈现了一种"只有一个面、一条边"的多边形，而三维空间中的克莱因瓶，将给大家提供一种"没有定向性的、仅有一个面"的封闭曲面。"无定向性"的曲面是没有"里部"和"外部"之分的。

一只蚂蚁可以在不跨越任何边界的前提下，爬过麦比乌斯圈上的任何一个角落，这是一种奇妙的现象。对于克莱因瓶，同样具有匪夷所思的特征。克莱因瓶的构造非常简单，最大的特点就是瓶子的底部和颈部相连接，整个瓶子不分里外，仅有一个面。一只苍蝇可以在不穿过瓶子表面的前提下，从克莱因瓶子的内部直接飞到外部去。这就是怪异的克莱因瓶给我们呈现出的不同寻常的景象。

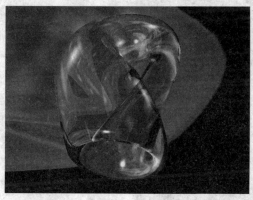

◆克莱因瓶

克莱因瓶的结构

克莱因瓶（Klein bottle），最初是由德国著名数学家菲利克斯·克莱因提出的，是指一种无定向的、仅有一个面的、不分里外的封闭曲面。其外观与普通的瓶子相似，但结构却大不一样。

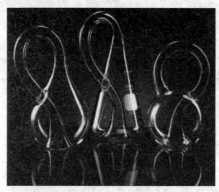

◆克莱因瓶简图

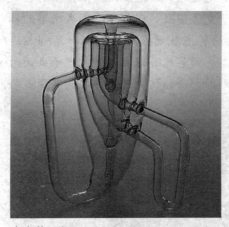

◆克莱因瓶

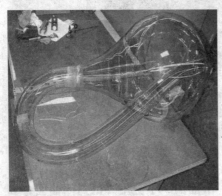

◆克莱因瓶

克莱因瓶的结构比较简单，瓶子的底部有一个洞，将瓶子的颈部延长，并将其扭曲进入瓶子的内部，然后将瓶子的颈部和底部的洞相连接，就形成了一个克莱因瓶。具体而言，克莱因瓶是一只没有瓶底，瓶颈被拉长，瓶颈似乎穿过了瓶壁，最后与瓶底连在一起的瓶子。与日常生活喝水用的瓶子不同的是，克莱因瓶没有"边"，只有一个面，不分里外。因此，一只苍蝇可以从瓶子的内部直接飞到瓶子的外部去。

普通的球具有两个面，即内面和外面。一只爬行在球的外表面上的蚂蚁，如果它想爬到球的内表面，就必须穿过球壁，否则是不能实现的。但对于克莱因瓶而言，不存在内、外表面，仅有一个面，因此蚂蚁可以不经过瓶壁而穿过瓶子。

克莱因瓶的实质是存在于四维空间中的曲面。在四维空间中，克莱因瓶的瓶颈与瓶壁是不相交的，但在三维空间中，克莱因瓶不可避免地存在扭结的地方，即瓶颈看似穿过了瓶壁。

名人介绍——著名数学家克莱因

克莱因（Klein Christian Felix，1849－1925），德国著名的数学家。1886年，克莱因受聘于哥廷根大学，开始了他的数学家生涯。在哥廷根工作期间，克莱因实现了重建哥廷根大学作为世界数学研究中心的愿望。数学杂志《数学年刊》在克莱因的主持下影响力得到大大提升。

在数学研究方面，克莱因作出的第一个贡献是1870年和李合作发现了库默尔面上曲线的渐近线的基本性质。克莱因对数学的贡献主要体现在函数理论方面，他曾在著作中提出使用几何方法处理函数理论并把势论与保形映射联系起来，发展了自守函数论，发现了克莱因瓶。

◆克莱因

克莱因瓶与麦比乌斯圈

麦比乌斯圈是将长方形纸带的一端扭转与另一端粘结起来而形成的一个曲面，该曲面仅有一条边、一个面。克莱因瓶的性质和麦比乌斯圈的性质是相似的，不同之处在于克莱因瓶没有边，仅有一个面。

在四维空间中，如果沿着麦比乌斯圈唯一的边，将两条麦比乌斯圈粘结起来，将会得到一个克莱因

◆克莱因瓶剪开图

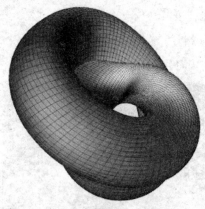

◆ "8"字形的克莱因瓶

瓶。反过来，如果将一个克莱因瓶按照一条曲线剪开，将会得到两条麦比乌斯圈。因此，一些研究者指出，克莱因瓶是一个三维的麦比乌斯圈。如果我们在一个平面上画出一个圆，再在圆内放置一件物体。假设在二维平面空间中将物体拿出来，物体必然要跨越圆周。如果在三维空间中，就可以在不跨越圆周的情况下取出物体。因此，可以得出麦比乌斯圈是一个二维的克莱因瓶。与此类似，我们可以得出，克莱因瓶在三维空间中是破裂的，至少要有一条裂缝。但在四维空间中克莱因瓶是完整的，没有裂缝的。

想一想——"克莱因瓶"与实际生活的联系

◆破壳取蛋

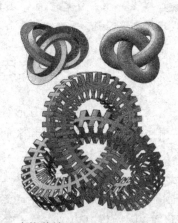

◆梅花结

思考一：破壳取蛋？

上文提及，从二维平面上的一个圆形内取出一个物体，物体必定脱离圆周，但在三维空间中可以在不脱离圆周的前提下取出物体。设想一下，在三维空间中，在不打破蛋壳的前提下将蛋黄从鸡蛋内取出，这是不可能实现的。但在四维空间中，这个操作并不麻烦。将蛋黄的轨迹连同蛋壳投影在三维空间中，就可以得到一个克莱因瓶。

思考二：梅花结

克莱因瓶在三维空间中是不完整的，而且不可避免地存在自相交的地方，如瓶子颈部延长，并扭曲进入瓶子内部，与瓶子底部相连接。但在四维空间中，克莱因瓶能够完整地制造出来，并且不存在自相交的地方。我们可以举例梅花结来进行阐述。梅花结曲线是一条二维的封闭曲线，但是如果把它放置在二维平面空间中，那么它不可避免地存在自相交。但是如果把它放置在三维空间中，就可以不自相交，这与克莱因瓶在四维空间能够不自相交是相似的。

思考三：太极图

研究表明，从上到下将克莱因瓶投射到一个平面上，所得到的投影就是太极图。也有不少哲学家指出，克莱因瓶和麦比乌斯圈只有一个面，不分正反，没有里外，体现了阴阳的流变统一过程，但表达不了太极图中所潜在的"道"、"易"理念的结合。

拓展思考

1. 查阅相关资料，克莱因瓶的性质特征还有哪些？

2. 分组讨论，克莱因瓶给我们的最大启示是什么？

3. 生活中还有哪些图形可以归因于克莱因瓶的性质？

4. 查阅相关资料，认真分析克莱因瓶与梅花结、太极图案具有哪些相关性？

真理永恒——欧拉定理

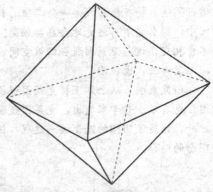

曾经有这样一位数学家，他被誉为科学史上最多产的数学家。在他孜孜不倦的一生之中，留下了800多篇论文和30多部著作，内容几乎涵盖了数学的所有分支，许多数学定理和公式都是以他的名字来命名，以表彰和纪念这位著名的数学家。他就是瑞士数学家欧拉。

◆凸多面体

在欧拉的研究成果中有这样一个定理，探究出一类多面体的顶点个数、面数和棱数三者之间存在一个等量关系，这个等量关系及其衍生出来的子公式，为我们探究多面体的性质提供了重要的帮助。例如：日常生活中的足球是一个简单的多面体，足球总共具有多少个面？多少个顶点？多少条棱？学习了欧拉定理，这些问题将迎刃而解。

欧拉定理的内容

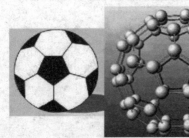

◆多面体足球

欧拉定理存在于众多数学分支学科中，在不同学科中其内容是不相同的。对于初等数论、复变函数学科中的欧拉定理，本节不作介绍。我们重点关注立体几何学和拓扑学中的欧拉定理的主要内容及其应用等。

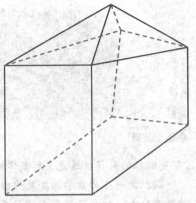

平面几何学中欧拉定理的主要内容为，设三角形的外接圆半径为 R，内切圆半径为 r，外接圆圆心与内切圆圆心之间的距离为 d，则公式 $d^2=R^2-2Rr$。

立体几何学中欧拉公式的主要内容为：对于简单多面体，即凸多面体的顶点数（V）、面数（F）、棱数（E），满足公式 $V+F-E=2$。

拓扑学中的欧拉公式是指 $V+F-E=X(p)$，V 代表多面体 P 的顶点个数，F 代表多面体 P 的面数，E 代表多面体 P 的棱的条数，$X(p)$ 代表多面体 P 的欧拉示性数。

◆$V+F-E=2$

名人介绍——18 世纪最伟大的数学家

◆欧拉

◆欧拉邮票

欧拉，全名莱昂哈德·欧拉（Leonhard Euler，1707—1783）。出生于瑞士的巴塞尔城，是 18 世纪最优秀的数学家，被誉为历史上最伟大的数学家之一，并被称为"分析的化身"。13 岁进入巴塞尔大学读书，得到当时最著名数学家、微积分的权威约翰·贝努力（Johann Bernoulli，1667—1748）的指导，之后他不负众望，青出于蓝而胜于蓝，在数学领域取得了重大的成绩。

◆瑞士法郎

欧拉是 18 世纪科学界的代表人物，是那个时代的巨星，是历史上最富有才华、最博学、最多产的一位数学家。著作内容涵盖分析、代数、数论、几何、物理、力学、航海学、建筑学、地质学、天文学等领域。19 世纪伟大的数学家高斯（Gauss，1777 － 1855）曾评论道："研究欧拉的著作永远是了解数学的最好方法。"

欧拉的一生为数学的发展作出了巨大的贡献，他的研究领域几乎涵盖了数学的所有分支，创立了许多数学运算符号，如 sin、cos、e 等。常常能见到以欧拉命名的公式、定理和数学常数。

欧拉定理的发现

给出四个多面体，按照顺序，分别数出它们的顶点数 V，面数 F，棱数 E，填写在下表中，分析 V、F、E 三者之间的关系，找出其中的规律。

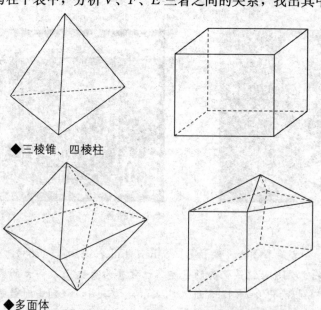

◆三棱锥、四棱柱

◆多面体

相亲相爱一家人——几何图形集锦

图形顺序	顶点数 V	面数 F	棱数 E
(1)	4		
(2)		6	
(3)			12
(4)			

你会发现上页图的多面体中，V、F、E 三者之间存在一个等量关系，即 $V+F-E=2$。这就是欧拉公式。

观察下面这些多面体，验证得出的规律是否成立。

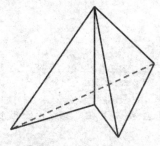 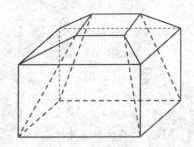

◆多面体

观察发现，左边的多面体满足上述等式 $V+F-E=2$，右边的多面体不满足等式。这就引发了我们的思考，究竟什么样的多面体符合欧拉等式？这就需要我们进一步探究欧拉公式成立的前提基础，即多面体的性质。

链接——简单多面体

观察上文给出的六个多面体图形，如果我们将这些多面体的表面蒙上橡皮膜，然后向它们的内部充气，观察这些多面体连续变形后的形状各是什么？

连续变形后主要出现两种情况，一种变成了球面，另一种变成了环面。我们将经过上述连续变形后，表面能变为一个球面的多面体，叫做简单的多面体。简单多面体的顶点数 V、面数 F 和棱数 E 之间满足欧拉公式，即 $V+F-E=2$。

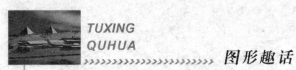
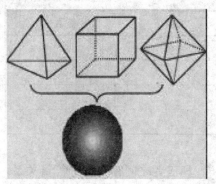

◆变成了球面

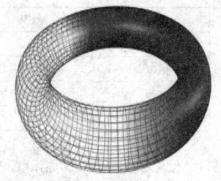

◆变成了环面

拓展思考

　　1. 查阅相关资料，欧拉对数学的贡献主要体现在哪些方面？欧拉定理在不同学科中的具体内容是什么？

　　2. 采取一定方法，证明平面几何中的欧拉定理。

　　3. 由欧拉公式，你还能延伸出哪些公理、公式来？

　　4. 对于欧拉公式的证明具有多种方法，你能否采取其中的一种来证明欧拉公式？

向后、向下、向右看
——空间几何体三视图

俗话说，"公说公有理，婆说婆有理"、"一百个读者眼中具有一百个哈姆雷特"，其实质是指运用不同的视角来观察同一个事物，会得出不同的观点和看法。

你是否思考过这样一个问题：对于客观存在的一个物质实体，分别从前方向后方、从上方向下方、从左方向右方等角度来观察该物体，将会得到什么样的

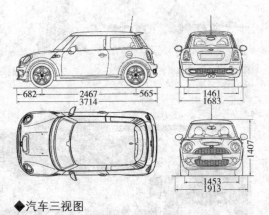

◆汽车三视图

图形呢？这就是反映空间几何体长、宽、高的正投影工程图，即三视图。三视图是工程界中对物体几何形状进行抽象表达的有效方式。上图所示是从四个不同的角度观察一辆汽车得到的不同的图形。

三视图的内容

三视图是指观察者从三个不同的位置、角度观察同一个空间几何体而得出的三个图形。三视图的形成与几何学中的投影是密切相关的。几何学中的投影是指用光线照射物体，在某个平面上得到的图形（即影子）就是物体的投影。假设观察者的视线为平行的投影线，然后从一个方向正对着物体看过去，将物体投射在一个平面上，使用正投影法绘制出物体的投影，称为视图。

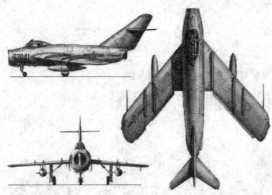

◆飞机三视图

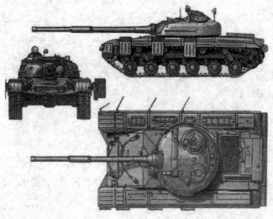

◆坦克三视图

三维空间几何体一般具有六个视图，分别从物体的前面向后、上面向下、左面向右、后面向前、下面向上和右面向左六个方向观察物体，所得视图分别反映物体的前面形状、上面形状、左面形状、后面形状、下面形状和右面形状。其中最常用的是从物体的前面向后投射所得到的视图，叫做主视图；从物体的上面向下投射所得的视图，叫做俯视图；从物体的左面向右投射所得的视图，叫做左视图。三视图指的就是物体的主视图、俯视图和左视图。

三视图从三个不同的方向对同一物体进行投射，得出物体在三个角度上的结构形状，与物体上、下、左三个方位一一对应，基本能够比较完整地表达出物体的结构、比例、布局等，因此，三视图是工程学中对客观物体几何形状进行抽象表达的重要方式。

 小贴士——三投影面体系

设立三个相互垂直的平面，将其称为三投影面。如右图所示，这三个互相垂直的平面将空间分成八个部分，每个部分叫做一个分角，分别称为Ⅰ分角、Ⅱ

TUXING
QUHUA

分角……VIII分角，我们将这样一个体系称为三投影面体系。

联系三维空间坐标系，不难理解三投影面体系的性质和特点，二者在本质上不具有差异。我们国家规定将几何体放置在第一分角内进行投影，建立Ⅰ分角的三投影面体系。将正对着我们的正立投影面称为正面，用V标记；将水平位置的投影面称为水平面，用H标记；将右边的侧立投影面称为侧面，用W标记。投影面之间的交线称为投影轴，分别以OX、OY、OZ标记，三条投影轴建立起三维空间坐标系。

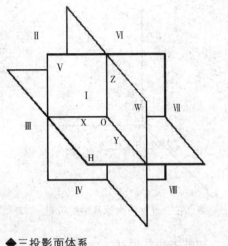

◆三投影面体系

三视图的形成

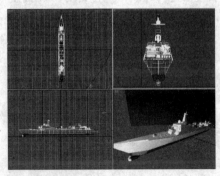

◆舰艇三视图

三视图的形成是建立在三投影面体系的基础上的，三视图的投影规则是：主视、俯视，长对正；主视、左视，高平齐；左视、俯视，宽相等。这三条规则指出：主视图反映几何体的实际长度、高度；俯视图反映几何体的实际长度、宽度；左视图反映几何体的实际高度、宽度。

基于构建的第一分度三投影面体系，将几何体放置在V、H、W三面体系中，然后分别向三个投影面作正投影。为方便三视图的绘画，应使几何体的主要表面平行或者垂直于投影面，并且几何体的位置在投影过程中不能发生移动。

按照前文介绍的投影知识，将几何体投射到V、H、W三面上，形成相应的投影。三个面上投影的大小和形状与投影面的大小无关，与几何体距离投影面的远近无关。因此，在三视图的绘画过程中，通常不画出投影

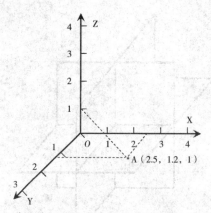

◆点在三维直角坐标系中的投影

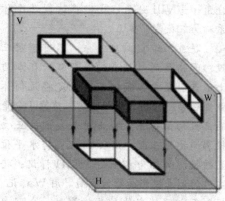

◆三视图的形成

面的大小和形状。

　　对于组合体三视图的绘画，首先将组合体分解成若干个小的形体，然后逐个画出形体的三视图，最后将小形体的三视图组合起来，形成组合体的三视图。

　　按照工程学中国家标准的规定，V 面上的投影图称为主视图；H 面上的投影图称为俯视图；W 面上的投影图称为左视图。

动动手——画出正三棱锥的三视图

　　基于上文对三视图的形成、画法、三投影面体系的介绍，你能否作出一些简单多面体的三视图？给出一个正三棱锥，如右图所示，请分别作出正三棱锥的主视图、俯视图、左视图。

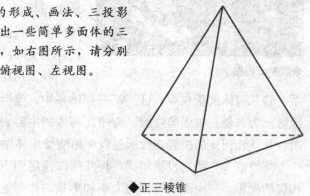

◆正三棱锥

相亲相爱一家人——几何图形集锦 «««««««««««««««

拓展思考

1. 三视图与投影之间的关系是什么？三视图与映射之间的关系呢？

2. 三视图的绘画流程有哪些？

3. 给你一个空间几何体的三视图，你能否画出其本身的立体图形？如果可以，应该怎么着手？如果不可以，需要添加哪些条件？

诉诸笔端——几何直观图的画法

二维平面几何图形和三维空间几何图形是中小学几何课程学习的重点。平面图形的几何画法比较简单，直接按照实物的长宽绘画就行，但是，如何将三维空间几何体抽象成一个平面图形进行表达，如何在平面图形中既保持实物长、宽、高之间的比例关系，又具有一定的空间立体感，这就涉及了空间几何体的直观图画法。

对于几何直观图的画法，通常使用"斜二测画法"，这种画法比较简单，容易操作，主要应用于空间图形的绘制。

◆素描几何体

平面图形的直观图画法

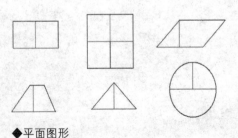

◆平面图形

二维平面图形直观图的绘画是我们探究几何图形性质、特征的基础，也是我们学习三维空间几何体直观图绘制，进一步研究空间几何体形状、大小、位置关系等的前提铺垫。

斜二测画法是几何直观图的基

相亲相爱一家人——几何图形集锦

本画法。首先我们以绘制水平放置的正六边形的直观图为例来探究斜二测画法的规则和基本程序。

（1）在已知正六边形 $ABCDEF$ 中，以对角线 AD 所在的直线作为 x 轴，以边 EF、BC 上的垂直平分线作为 y 轴，分别建立直角坐标系 xOy 和斜坐标系 $x'O'y'$，$\angle x'O'y'=45°$。

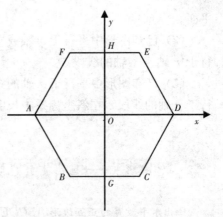

◆正六边形

（2）以原点 O' 为中心，在 x' 轴上取 $A'D'=AD$，在 y' 轴上取 $G'H'=\dfrac{1}{2}GH$。分别以点 H' 和点 G' 为中点，画出平行于 x' 轴的线段 $E'F'$、$B'C'$，并且使 $E'F'=EF$、$B'C'=BC$。

（3）连结 $A'B'$、$C'D'$、$D'E'$、$F'A'$，得到六边形 $A'B'C'D'E'F'$，这就是正六边形 $ABCDEF$ 的直观图。

概括上文正六边形直观图的绘制过程，我们将斜二测画法的规则总结如下：

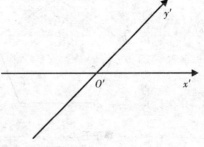

◆直观图坐标系

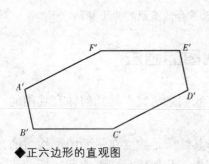

◆正六边形的直观图

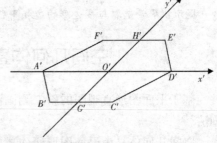

◆直观图坐标系

（1）在已知图形中取互相垂直的轴 Ox、Oy，作直角坐标系 xOy 的斜坐标系 $x'O'y'$，使 $\angle x'O'y'=45°$（或者 $135°$）。所确定的平面表示水平

平面。

（2）已知图形中平行于 x 轴或 y 轴的线段，在斜坐标系中分别画成平行于 x' 轴或 y' 轴的线段。

（3）已知图形中平行于 x 轴的线段，在斜坐标系中保持长度不变；平行于 y 轴的线段，在斜坐标系中长度变为原来的一半。

动动手——画出正五边形的直观图

给出水平放置的正五边形 ABCDE 如图所示，建立恰当的直角坐标系，并运用斜二测画法，画出正五边形 ABCDE 的直观图。

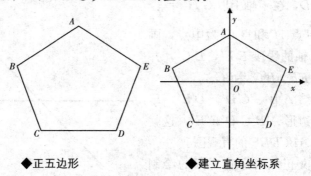

◆正五边形　　　　　◆建立直角坐标系

思考：直角坐标系的建立有没有技巧？建立什么样的直角坐标系最利于多边形直观图的绘制？

提示：尽量选取与多边形的边相平行甚至重合的直线作为坐标轴。

空间几何体直观图的画法

基于平面图形直观图的斜二测画法，我们来研究空间几何体直观图的画法。

空间几何体是由平面图形所构成的，其性质是建立在平面图形性质的基础之上的。平面几何图形是二维空间图形，几何体是三维空间图形，研究过程中二维平面直角坐标系相应地转化成三维空间坐标系，第三条坐标轴 z 轴垂直于 x 轴和 y 轴所确定的平面。

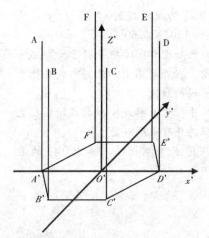

◆空间坐标系

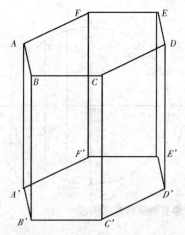

◆正六棱柱直观图

空间几何体直观图的绘制在坐标轴上比平面图形直观图坐标系多一条坐标轴,即与坐标轴 x 和坐标轴 y 相垂直的 z 轴。几何体中平行于 z 轴所在直线的线段均保持其方向、长度不变。

具体画法类似于平面图形直观图画法:

(1) 选取恰当的坐标轴,建立空间直角坐标系。并将坐标轴 x、y、z 对应转化为坐标轴 x'、y'、z',使 $\angle x'O'y' = 45°$(或 $135°$),$\angle x'O'z' = 90°$。

(2) 画出底面。运用平面图形直观图的画法,画出空间几何体的底面图形。

(3) 画出侧棱。依照"平行于 z 轴所在直线的线段,保持其方向、长度不变"的原则,画出侧棱,最后连接各顶点得到几何体的直观图。

想－想——如何绘制圆形的直观图?

圆形的直观图画法是圆柱、圆锥、圆台直观图绘制的基础和核心。对于圆的直观图,一般不使用斜二测画法,而运用正等测画法。

正等测画法规则:

(1) 在已知图形⊙O 中取互相垂直的轴 Ox、Oy,建立平面直角坐标系,并

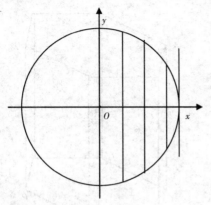

◆直角坐标系下的圆

将坐标轴转化成对应的 $O'x'$、$O'y'$，使 $\angle x'O'y'=120°$（或 60°）。

（2）已知图形 $\odot O$ 中平行于 x 轴或 y 轴的线段，在直观图中，分别画成平行于 x' 轴或 y' 轴的线段。

（3）平行于 x 轴或 y 轴的线段，在直观图中保持原有长度不变。

试应用正等测画法，画出 $\odot O$ 的直观图。

拓展思考

1. 分析几何直观图的绘制要领，你会得出什么结论？

2. 请画出常见的平面几何图形的直观图，对其进行归类，看有什么收获？

3. 试着绘制正方体、正三棱锥、正六棱台的直观图。

4. 参考圆的直观图画法，你能否画出圆柱、圆锥、圆台的直观图？它们与棱柱、棱锥直观图有什么区别？

赐我一双发现的眼睛
——领略图形之美

数学之美，在于理性之美。

数学之价值，在于培养人的理性思维。

几何之美，在于探究客观实体。

几何之价值，在于培养人的直观抽象能力。

图形之美，

在于点、线、面运动轨迹的巧妙组合，

在于位置的奇妙变换。

赐我一双发现的眼睛，

一起发现图形之美。

◆壁画

复制一对双胞胎——轴对称之美

自远古时期，人类从自然界发现了对称之美开始，对称思想逐渐得到认可、学习并被加以应用。千百年来，对称思想在中国传统文化理念中占据重要地位，蕴涵着深刻的均衡、和谐内涵。

对称思想的推广和应用，在繁多的制造发明中得到体现。对称大体可以分为轴对称和中心对

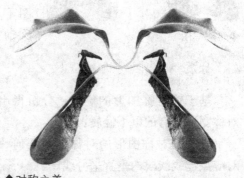

◆对称之美

称两类，中心对称可以视为若干轴对称的组合，我们将在后续知识中介绍，本节主要介绍轴对称图形。

轴对称的基本内容

定义

几何学中将轴对称图形界定为：如果一个图形沿着一条直线折叠，直线两侧的图形能够完全重合，这个图形就叫做轴对称图形；折痕所在的这条直线就叫做图形的对称轴。

分析上述定义，我们可以发

◆轴对称

◆轴对称图

现，对于两个图形而言，如果存在一条直线，将它们按照直线进行折叠操作，这两个图形能够完全重合，则这两个图形呈轴对称关系，这条直线就称为它们的对称轴。

如左图所示，按照轴对称图形的定义来分析，这四个图形都是轴对称图形，你能否找出它们所具有的对称轴？

性质

基于轴对称图形的定义，分析得出轴对称图形具有的以下性质：

（1）轴对称图形的对称轴是任何一对对应点连线线段的垂直平分线。

（2）轴对称图形的对应线段、对应角均相等。

（3）如果两个图形上的各点关于某条直线能够一一对应起来，那么这两个图形呈轴对称。

（4）轴对称图形可以具有多条对称轴。

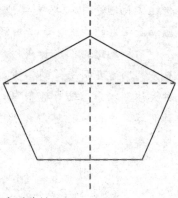
◆对称轴

知识库——全等与相似

全等

在数学学科中，我们将两个可以完全重合的图形称为全等图形。如果两个物体的大小、形状完全相等，则称这两个物体全等。全等使用符号"≌"表示。

由图形全等的定义，我们可以得出，一个图形经过翻折、平移和旋转变换后，所得到的新图形与原图形一定全等。因此，呈轴对称的两个图形具有全等的关系。

TUXING
QUHUA

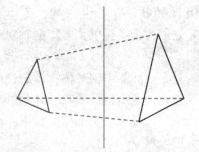 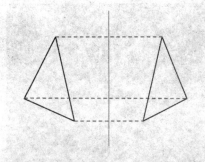

◆相似、全等

对于不规则图形而言，全等就是可以完全重合；对于规则的多边形而言，全等是指对应顶点相重合、对应边相等且重合、对应角相等且重合。常用的三角形全等判定定理包括："边角边"简称"SAS"、"角边角"简称"ASA"、"边边边"简称"SSS"、"角角边"简称"AAS"以及直角三角形的"斜边、直角边"简称"HL"等。

相似

如果两个图形的形状相同，但大小不相等，则称这两个图形相似。相似使用符号"∽"表示。相似主要是针对规则的多边形而言，两个相似的多边形具有对应角相等、对应边成相同的比例等性质，这些性质反过来是判定多边形相似的条件。相似多边形的周长之比等于对应边之间的比例，面积之比等于对应边之比的平方。

◆全等

身边的轴对称图形

轴对称思想最早来源于自然界这一博大的知识库。自然界中存在着数

◆轴对称面谱

◆蝴蝶

以万计的物质，有生命的、无生命的，它们为人类提供了丰富的轴对称资料。

基于自然界中轴对称物体的性质特征，人类发明创造了难以计数的现代化工具，服务人类的生活、生产和社会的发展。

动物

自然界中大多数动物自身具有轴对称形象。如图所示，蝴蝶具有一对翅膀、一对触角、一双眼睛等，以及翅膀上面的花斑，具有明显的轴对称形象。这就是自然界给人类展现的轴对称图形之美。蝴蝶自身具有的轴对称图形，在飞行器研制领域具有不容忽视的影响。蝴蝶、蜻蜓、蟋蟀、萤火虫等大多数昆虫具有明显的轴对称形象。基于轴对称视角，审视其他类动物自身具有的对称之美，你一定会有不小的收获。

植物

植物具有轴对称形象吗？答案是肯定的。众所周知，植物的生长受到阳光、水分、土壤有机质等众多因素的影响，哪个因素出现变化，植物的形状就会随着发生变化。也许你对植物整体形状具有轴对称形象持有异议，但你不妨将目光细化，具体到植物的某个部位，如叶子、花朵等，你将发现一个新的对称世界。

人造物

基于自然界这一丰富的对称图形库，人类创造发明了种类繁多的轴对称

◆飞机

◆天坛

物体。

  细心观察，你会发现身边有太多轴对称图形了，轴对称图形几乎存在于现实空间的任何一个角落。对称图形洋溢着浓浓的和谐之美，学着去观察、去感受、去创造这种和谐之美。

拓展思考

1. 请思考轴对称图形与图形平移、旋转、对折等几何变换之间的关系。
2. 如何来判定两个三角形是否是轴对称图形？
3. 轴对称变换与镜面反射存在怎样的联系？
4. 观察身边的事物，哪些具有轴对称形象？分析其对称轴的位置。

触摸镜子中的你——镜面反射之美

　　每天早晨，我们都会观望着镜子中的自己。若干年后，你凝望着镜子中的你，默数着双鬓的斑斑白发，触摸着额头的条条沟壑。镜子中的物像映射出你的形象，告诉你岁月的流逝，但是，你能告诉我镜子中的你是怎样产生的吗？镜子中的你是不是真正的你？让我们一起来揭开谜团。

◆大理崇圣寺三塔

镜面反射

　　反射是一种物理现象，是指波从一个介质进入另一个介质时，其传播方向发生改变，而回到波的来源介质。这里的波可以是光波、声波、电磁波等。

　　物理学中，一束平行光线射到平面镜上，反射回来的光线如果是平行的，称这种反射为镜面反射。通俗来讲，镜面反射就是指，在物体的反射面光滑的条件下，平行光线被平行反射回来的一种光学现象。日常生活中使用的平面镜、表面抛光的金属器件、镀金属反射膜的玻璃、金属制品、水平面等均可以用来进行光的反射实验。

TUXING
QUHUA

◆你是谁?

通常情况下,我们将太阳光视为平行光线,我们之所以能够在镜子中成像,其原理在于光线的直线传播和镜面反射。人体是非发光体,自身不能释放出光线,当太阳光线照射到人体时,产生反射作用,被反射的光线照射到镜面上,人的形象在镜面上得以呈现。整个过程进行多次光线的传播和反射作用,最终使我们能够通过镜子观察到自己的仪容。

链接——光线的漫反射

与镜面反射相比,当一束光线射到凸凹不平的物体上时,反射光线不是平行的光束,而是方向杂乱的散光,这种反射方式称为漫反射。具体而言,光线在不平滑的表面发生反射作用,各条光线的反射角度不同,反射光的方向会杂乱无章。漫反射产生比较模糊的影像,而且可以使人们从不同的位置、角度看到同一物体。然而,镜面反射所成的像,只能在特定的位置、特定的角度才能看到。

◆黑板、屏幕

镜面反射与漫反射各有利弊。镜面反射充分体现了光沿直线传播的道理,我们通常所说的"黑板反光"、"屏幕反光"现象就是镜面反射的弊端所在;但是"潜水镜"的发明和应用充分显示了镜面反射的优点所在。镜面反射的缺点之处恰是漫反射发挥功能的优势。细心的同学会发现,投影仪的幕布、教室内的黑板等摸起来都比较粗糙,这是为了避免屏幕产生镜面反射影响观众而特意制造的漫反射。

光的反射定律

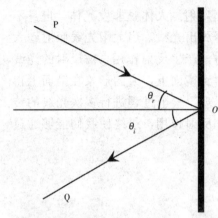

◆光的反射定律

镜面反射遵循光的反射定律，其内容为：

（1）光线的入射角等于反射角；

（2）入射光线、法线、反射光线处于同一个平面上，且入射线和反射线分居法线两侧。

右图所示，OP 是入射光线，OQ 是反射光线，中间的是法线，θr 是入射角，θi 是反射角，两者相等。

基于轴对称图形性质的学习，我们不难得出，镜面反射中的实物与所成的像两者之间是轴对称关系。

小贴士——唐太宗"三镜"

魏征（580－643），字玄成，唐代巨鹿人，唐朝政治家。魏征以直谏敢言而著称，是中国历史上最负盛名的谏臣。

魏征曾先后进谏200多事，劝诫唐太宗以历史的教训为鉴，励精图治，任贤纳谏。魏征曾写下《谏太宗十思疏》的著名文章，对当时及后人均具有一定影响。《谏太宗十思疏》云："臣闻：求木之长者，必固其根本；欲流之远者，必浚其泉源；思国之安者，必积其德义。源不深而望流之远，根不固而求木之长，德不厚而思国之安，臣虽下愚，知其不可，而况于明哲乎？人君当神器之重，居域中之大，将崇极天之峻，永保无疆之休，不念居安思危，戒奢以俭，德不处其厚，

◆魏征

赐我一双发现的眼睛——领略图形之美 ‹‹‹‹‹‹‹‹‹‹‹‹‹‹‹‹‹‹‹‹‹‹

◆魏征犯颜直谏的故事

情不胜其欲，斯亦伐根以求木茂，塞源而欲流长者也"。

贞观十六年，魏征去世，唐太宗亲临吊唁，痛哭失声，说道："夫以铜为镜，可以正衣冠；以古为镜，可以知兴替；以人为镜，可以明得失。朕常保此三镜，以防己过。今魏征殂逝，遂亡一镜矣。"

生活千姿百态

分析的眼光

通常我们认为镜子"讲"的都是"真话"。这种观点类似"少数服从多数"的民主表决原则，但是我们却忽略了"真理可能掌握在少数人的手里"。

有的时候，镜子也是会撒谎的。关键在于我们是否坚持用分析的眼光来看待一切"镜面反射"。

膨胀的自信

"狐假虎威"的寓言流传了千百年，"狗仗人势"的成语反映了人生百态，两者之间的相同之处在于一方借助、依托另一方的势力来壮大自己的形象。

想必大家都听说过"喝酒壮胆"这句话，这种现象的发生归因于人受到外因作用而能激发出潜在的能力。自信是可以培养的，坚信任何困难坎坷都是可以化解度过的，问题总是会得到解决的，关键在于自己要相信自己。

◆自"愚"自乐

WHAT MATTERS MOST
IS HOW YOU SEE YOURSELF.

◆猫照镜子

实验——如何养好一条鱼?

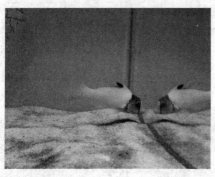

◆爱"美"的鱼

问题提出:养鱼的老人告诉我们,鱼的生活习性很多地方与人类相似,鱼喜欢群居生活。同种类的两条鱼分别放在一群鱼中间和单独的环境中,它们存活的时间具有很大差异。单独一条鱼存活的时间比较短,而在一群鱼的环境下鱼存活的时间比较长。请你思考,并动手实验,采取什么方法能使一条鱼存活的时间相等于一群鱼?

分析:客观上讲,饲养的方法、材料、条件等是相同的。问题在于我们应该通过什么办法在一条鱼生活的空间中创设一群鱼的存活环境?

拓展思考

1. 注意观察你身边的事物,哪些与镜面反射有关?哪些设备运用了镜面反射原理?哪些运用了漫反射原理?

2. 查阅资料,分析镜子为什么能够呈现人的形象?

3. 收集魏征辅佐唐太宗执政的史料。

4. "如何养好一条鱼?"你还有哪些更好的方法?这些方法的实质是什么?

同"心"同"行"
——中心对称之美

金色的童年时代，经常与一大帮伙伴争夺一只纸做的简易风车。一个在前面跑，一群在后边追，旋转的风车成了童年时代中快乐的所在。

学习了轴对称图形之后，观察童年的风车，发现它的形状不具有轴对称的性质，也找不到对称轴的位置。但是，当风车经过旋转后，所得图形与原图形是完全重合的。这就是中心对称之美。

◆童年的风车

中心对称的定义

在数学中，中心对称是几何图形的一种性质，也是几何图形的一种变换。

将一个图形绕某一个定点旋转，如果旋转后的图形与另一个图形相重合，那么这两个图形成中心对称。这个点叫做对称中心。其实质是指两个全等图形之间的相互位置关系。成中心对称的两个图形，一个图形上的所有点，关于对称中心的对称点均在另一个图形上，二者之间是相互中心对称的关系。

◆拟中心对称

◆中心对称水晶

◆三菱是中心对称吗？

基于中心对称的定义，不难得出，中心对称图形是指一个图形绕一个定点旋转180°，所得图形与原图形能够完全重合，即图形自身具有中心对称的性质，我们将这种图形叫做中心对称图形，将这个定点叫做对称中心。

中心对称和中心对称图形是两个不同而又不可分割的概念。试想一下，如果将成中心对称的两个图形视为一个整体，那么这个整体是否具有中心对称的性质呢？答案是肯定的。该整体是中心对称图形，那么对于一个中心对称的图形，如果将其对称的部分看成两个图形，则两者之间具有中心对称的关系。

中学阶段最常接触的中心对称图形包括：正 N 边形（N 为大于 1 的偶数）菱形、圆形、平行四边形、矩形等。

中心对称的性质

分析中心对称、中心对称图形的概念，我们不难归纳出中心对称的性质：

（1）关于中心对称的两个图形全等；中心对称图形中关于中心对称的两个部分全等。

（2）关于中心对称的两个图形，对称点连线都经过对称中心，并且被对称中心平分。

（3）关于中心对称的两个图形，对应线段平行且相等。

判定一个图形是不是中心对称图形，关键在于该图形是否存在一个点，使得图形绕该点旋转后能与原图形相重合。判定两个图形是不是中心对称关系，关键在于一个图形绕某一个点旋转后，能不能与另一个图形完全重合。

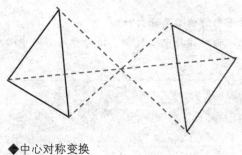

◆中心对称变换

 想－想——判定下列图形的对称性质

基于轴对称、轴对称图形、中心对称、中心对称图形的学习，判定下列图形的对称性质。

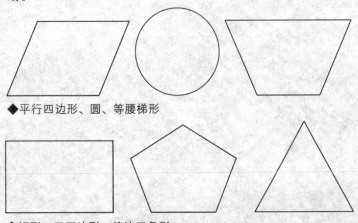

◆平行四边形、圆、等腰梯形

◆矩形、正五边形、等边三角形

拓展思考

1. 认真观察，日常生活中哪些图形具有中心对称的性质？分析并找出对称中心。

2. 中心对称图形的核心是什么？

3. 分析归纳，轴对称与中心对称、轴对称图形与中心对称图形之间的联系和差异？

TUXING
QUHUA

数行结合——对称与群

数行结合是数学学习尤其是几何学习过程中的一种重要思想和方法。解析几何的本质是用代数的方法研究图形的几何性质，体现了数行结合的数学思想。

基于几何图形之间具有的轴对称、中心对称的性质，我们引入群论的知识，借助群论的思想来研究几何图形之间的对称性质。本节我们将介绍图形与对称群之间的关系。

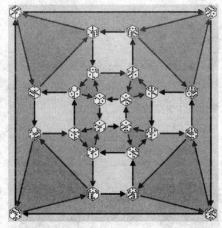

◆对称群

对称群

群，是由多个个体集簇在一起而形成的，是集合中的一种。在数学中，集合 X 上的对称群，通常记为 S_x，S_x 的元素是所有 X 到 X 自身的双射所组成的集合。用数学语言来表达：设 X 是一个集合（可以是无限集），X 中所有满足双射置换的元素，即 $f: X \to X$，构成的集合称为集合 X 的对称群，记为 S_x。

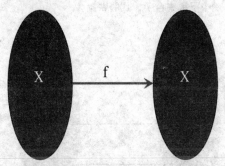

◆X 到 X 的双射

小贴士——单射、满射、双射

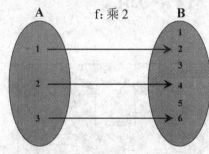

◆A 到 B 的映射

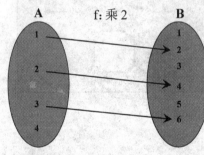

◆f 不是集合 A、B 的映射

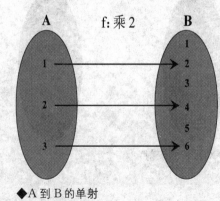

◆A 到 B 的单射

对"对称群"知识的学习，需要单射、满射和双射等知识作为铺垫。对于单射、满射和双射，我们在初中数学中就已经开始学习和运用，只不过它们的定义没有给予明确界定。

单射、满射、双射三者的实质都是映射。基于前文对集合知识的介绍，我们定义"映射"为：设 A、B 是两个非空集合（即包含元素个数不为零），如果按照某种对应关系 f，对于集合 A 中的任何一个元素，在集合 B 中都存在唯一的一个元素与之对应，那么这样的对应（包括集合 A、B，以及集合 A 到集合 B 的对应关系 f）叫做集合 A 到集合 B 的映射，记作 $f : A \rightarrow B$。在数学及其相关领域，映射的定义通常等同于函数。

单射

设 f 是由集合 A 到集合 B 的映射，如果对于集合 A 中的任意两个元素 x、y，且 $x \neq y$，有 $f(x) \neq f(y)$，则称为 f 集合 A 到集合 B 的单射。

单射所具有的性质：

（1）若映射 f 和 g 都是单射，则二者的复合 f∘g（即 $f(g(x))$）也是单射。

（2）若映射 f 和 g 的复合 f∘g 为单射，则 g 为单射（f 不作要求）。

（3）若 X 与 Y 都是有限集，则 $f : X \rightarrow Y$ 是单射，当且仅当它是满射。

满射

设 f 是由集合 A 到集合 B 的映射，如果对于集合 B 中的任意一个元素 y，在集合 A 中都存在一个或者多个元素 x 与之对应，则称 f 为集合 A 到集合 B 的满射。

数学中，映射的定义与函数的概念是等同的。引入函数的定义，我们将集合 A 称为函数的定义域，集合 B 称为函数的值域。f 是单射意指，对于值域中的任何一个元素（即函数的因变量），在定义域中均存在至少一个元素（即函数的自变量）与之相对应。

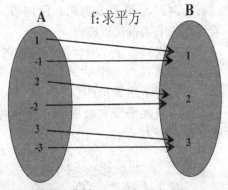

◆A 到 B 的满射

双射

既满足单射的条件，又是满射的映射叫做双射。双射跟我们熟悉的"一一对应"的映射在本质上是相同的。

如果映射 f、g 都是双射，则两者的复合 fog（即 $f(g(x))$）也是双射；如果映射 f、g 的复合 fog 为双射，则只能得出 f 为单射且 g 为满射。

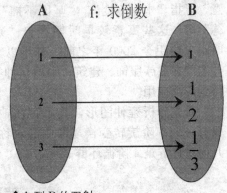

◆A 到 B 的双射

同一集合上的双射就构成一个对称群。

平面图形对称群

基于对称图形、对称群知识的学习，我们简单介绍四个常见平面图形的对称群。

太极

《易经》有曰："易有太极，始生两仪，两仪生四象，四象生八卦。"

太极是阐明宇宙从无极到太极,以至生万物的过程。两仪是指太极的阴、阳两仪。太极蕴涵着深刻的中国古代哲理。

◆太极图

如果我们不计"太极图"左右的颜色差异,而仅仅将其视为一个平面几何图形来研究,那么,我们判断出太极图仅有一个简单的 2 阶中心对称,因此得出太极图的几何对称群是 2 阶循环群,记为 Z_2。

雍仲

雍仲符号在藏族文化中具有重要而丰富的寓意,意指"永恒不变"、"坚固不摧"、"吉祥万德"等。这些寓意较早时期源自"雍仲苯教",时间大约距今 2000 年之前。基于以上寓意,雍仲图形在藏族服饰、建筑、宗教信仰等文化领域得到广泛应用。

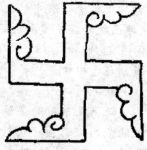

◆夏拉康碑座"雍仲"符号

首先分析雍仲图形,其不存在轴对称性质,只有一个 4 阶旋转变换(即中心对称),因此其几何对称群是 4 阶循环群 Z_4。

菱形

在少数民族服饰图案和古代木质窗棂中,菱形的运用是比较广泛的。对下图所示的菱形组合图案进行分析,它既是一个轴对称图,又是一个 2 阶旋转(即中心对称)图,并且它们是不相同的对称变换,因此,该图案

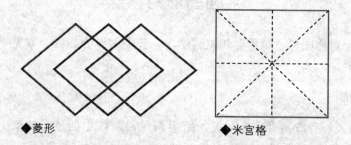

◆菱形　　　　　　　◆米宫格

的几何对称群是一个不循环的 4 阶群 $Z_2 \times Z_2$。

米宫格

米宫格的图案既存在一个轴对称，又存在一个 4 阶中心对称，共计 8 个不相同的对称变换，因此该图形的几何对称群是 8 阶二面体群 D_2。

拓展思考

1. 查阅相关资料，分析轴对称变换、中心对称变换具有哪些特征？联系群论知识，理解图形与对称群的关系。

2. 函数是单射？满射？双射？举例说明。

3. 查阅群论资料，探究以上四个图形的几何对称群所具有的特征。

4. 你能指出常见几何图形的几何对称群吗？

最具美感——黄金分割

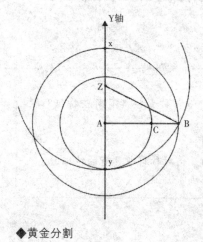

◆黄金分割

黄金分割又称黄金律，是一种数学上的比例关系，其中蕴涵着丰富、神秘、奇妙的价值意义，具有强大的功能。

黄金分割的创始人是古希腊的毕达哥拉斯，他在当时十分有限的科学条件下，大胆断言，黄金分割比例能够给人带来美感。后来这种神奇的比例关系被古希腊著名哲学家、美学家柏拉图誉为"黄金分割律"。对黄金分割知识的学习，有利于我们发现美、感受美、创造美。

黄金分割的内容

黄金分割又称黄金律，是指事物各部分之间的一种数学上的比例关系。将整体一分为二，较大部分与较小部分之比等于整体与较大部分之比，其比值约为 $1:0.618$。0.618 被公认为最具有审美意义的比例数字，上述比例被誉为最能引起人的美感的比例，因此被称为黄金分割。

最常见的黄金分割是指，根据黄金比例，将一条线段分割成两段，如图所示，较长部分的长度 a 与线段总长度 $a+b$ 之比等于较短部分的长度 b 与较长部分的长度 a 之比。

黄金分割比例 0.618:1

◆矩形黄金分割

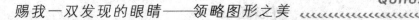

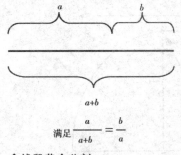

满足 $\dfrac{a}{a+b}=\dfrac{b}{a}$

◆线段黄金分割

广角镜——黄金分割的诞生

关于黄金分割的起源，大多数学者认为是由古希腊著名数学家毕达哥拉斯创立的。据说，有一天毕达哥拉斯路过铁匠铺前，他听到铁匠打铁的声音非常好听，于是驻足倾听。他发现铁匠打铁的节奏很有规律，这个声音的比例被毕达哥拉斯用数理的方式表达出来，从而，开创了黄金分割的起源。

黄金分割的神奇和魔力，在数学界还没有明确的定论，但它已经在实际中发挥着意想不到的作用，被应用在很多领域。继毕达哥拉斯之后，很多人专门研究过，开普勒称为"神圣分割"，也有人称其为"金法"。

黄金分割比

基于上文对线段黄金分割操作的讲述，我们来计算黄金分割比例。

数学中，常使用希腊字母 φ 来表示黄金比值。根据线段黄金分割的定义，假设 $b=1$，则有 $\dfrac{1+a}{1}=\dfrac{1}{a}=\varphi$，即 $\varphi^2=1+\varphi$。

运用公式法求解这个一元二次方程，所得解为：

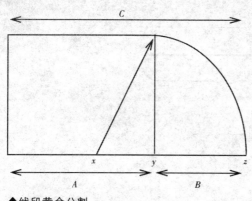

◆线段黄金分割

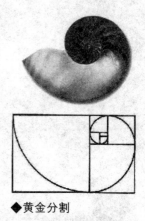

◆黄金分割

$$\varphi = \frac{\sqrt{5}+1}{2} \approx 1.6180339887$$

　　下面请大家一起计算黄金分割 φ 的倒数数值。1.618 的倒数是 0.618，你会发现其倒数等于自身减去 1，这就是黄金分割的奇妙之处。因此，在实际应用中，我们通常取 1.618 或者 0.618 作为黄金分割比例值。

　　基于黄金分割比例值，我们不仅可以将事物的属性进行量化来判断其美感，也可以将事物的结构进行恰当的配置，创造具有美感的图形。

黄金分割点的画法

　　随着计算机技术的迅速发展，对黄金分割点的作图变得比较简单。下面我们使用简单的几何作图工具来寻找特定线段的黄金分割点，绘制最具美感的黄金分割图形。

　　方法一：

　　如右图所示，已知线段 AB，作图方法如下：

　　（1）经过点 B 作 $BC \perp AB$，使 $BC = AB/2$。

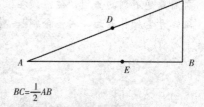

$BC = \frac{1}{2}AB$

E 点就是 AB 的黄金分割点

◆黄金分割点的画法一

赐我一双发现的眼睛——领略图形之美

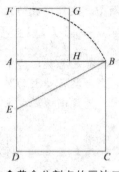

$AE=\dfrac{1}{2}AD$

$EF=EB$

$AH:AB=\dfrac{\sqrt{5}-1}{2}:1$

◆黄金分割点的画法二

（2）连接 AC，在 CA 上截取 $CD=CB$。

（3）在 AB 上截取 $AE=AD$，则点 E 为线段 AB 的黄金分割点。

方法二：

如左图所示，已知线段 AB，作图方法如下：

（1）以 AB 为边长作正方形 $ABCD$。

（2）取 AD 边上的中点 E，即 $AE=DE$。延长 DA 至 F，使得 $EB=EF$。

（3）以 AF 为边长作正方形 $AFGH$，GH 交 AB 于 H 点，所得点 H 即为线段 AB 的黄金分割点。

小贴士——黄金分割与斐波那契数列

数学家法布兰斯在 13 世纪写了一本关于一些奇异数字的组合的书。这些奇异数字的组合是 1、1、2、3、5、8、13、21、34、55、89、144、233……，任何一个数字都是前面两数字的和 2＝1＋1、3＝2＋1、5＝3＋2、8＝5＋3……这就是斐波那契数列。有人说这些数字是法布兰斯研究金字塔得出的。金字塔的几何形状有五个面，八个边，总数为十三个层面。由任何一边看上去，都可以看到三个层面。金字塔的修造完全符合黄金分割比，即上述神秘数字的任何两个连续的比率，譬如 55/89＝0.618，89/144＝0.618，144/233＝0.618。

◆金字塔

血根草

延龄草

大波斯菊

野玫瑰

◆斐波那契数列植物

经研究发现，相邻两个斐波那契数的比值是逐渐趋于黄金分割比的。即 $\dfrac{f(n)}{f(n+1)} \rightarrow 0.618\cdots$。由于斐波那契数都是整数，两个整数相除之商是有理数，当 n 越来越大的时候，就会发现相邻两数之比是逐渐逼近黄金分割比这个无理数的。

拓展思考

1. 查阅相关资料，使用尺规作图工具对已知线段进行黄金分割，还有哪些方法？

2. 自己设计一个方程，求解黄金分割比的数值。

3. 联系实际生活，黄金分割之美体现在哪些方面？

4. 探究斐波那契数列与黄金分割比值之间的关系。

测测谁最美
——黄金分割之美学价值

黄金分割被誉为黄金律，其实质是一种数学上的比例关系，但具有严格的比例性、艺术性、和谐性，蕴涵着丰富的美学价值。

黄金分割律能够给人带来较强的美感，在实际生活中的应用是非常广泛的。例如，达·芬奇笔下的《维特鲁威人》、《蒙娜丽莎》等符合黄金矩形，希腊雅典的帕提农神庙符合黄金分割律，人体艺术创作，以及工农业生产中一种0.618优选法等。

◆黄金分割之美

五角星之美

◆五星红旗

新中国第一次政治协商会议将五星红旗确定为我国国旗。国旗旗面由五颗五角星组成，是中华人民共和国的标志和象征。许多国家的国旗上面都有五角星的图案，其中的原因在于五角星是一种非常美丽的图形，它的美丽在于五角星中可以找到的所有线段之间的长度关系均符合黄金分割比例。五角星所具有的线段均蕴涵着最具美感的黄金分割律，因此，无论从哪个角度来看，五角星都给人一种美学价值。

　　将正五边形的对角线连接起来就构成了一个五角星，由于五角星的顶角是 36°，故可以得出黄金分割的数值是 2Sin18°。

◆五角星

友情提醒——五星红旗的诞生

◆政治协商会议

　　"五星红旗"原来被称为"红地五星旗"，由曾联松于 1949 年 7 月设计，在中国人民政治协商会议上被确定为中华人民共和国国旗。

　　五星红旗的红色旗面象征革命，国旗中大的五角星代表中国共产党，四颗小五角星代表工人、农民、小资产阶级和民族资产阶级四个阶级。四颗小星各有一个角正对着大星的中心点，五颗星的位置关系象征着中国共产党领导下的革命人民大团结。五角星的黄色底面象征着中华民族是黄色人种。

人体美学

　　人体美学受到种族、社会、地域、个人等方面因素的影响，涉及形体与精神、局部与整体的辩证统一。据研究，人类的进化过程也是人体结构逐步趋近 0.618 的过程。经过几十万年的历史积淀，人体结构具有 14 个

"黄金点",即肢体短段与长段之比为0.618；12个"黄金矩形",即宽与长之比为0.618的长方形；2个"黄金指数",即两物体之间的比例关系为0.618。

基于黄金分割理论,人体是否具有美感,关键在于人体结构近似于"黄金点"、"黄金矩形"、"黄金指数"的程度。

人体的 14 个"黄金点"

(1) 肚脐
肚脐是头顶到足底之间的分割点；
(2) 咽喉
咽喉是头顶到肚脐之间的分割点；

◆人体结构

(3)、(4) 膝关节
膝关节是肚脐到足底之间的分割点；
(5)、(6) 肘关节
肘关节是肩关节到中指尖之间的分割点；
(7)、(8) 乳头
乳头是躯干纵轴上的分割点；
(9) 眉间点
眉间点是发际到颏底间距上 1/3 与中下 2/3 之间的分割点；
(10) 鼻下点
鼻下点是发际到颏底间距下 1/3 与上中 2/3 之间的分割点；

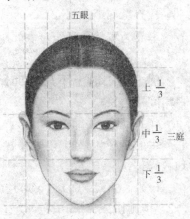

◆头部

(11) 唇珠点
唇珠点是鼻底到颏底间距上 1/3 与中下 2/3 之间的分割点；
(12) 颏唇沟正路点
颏唇沟正路点是鼻底到颏底间距下 1/3 与上中 2/3 之间的分割点；
(13) 左口角点

◆头部黄金比

左口角点是口裂水平线左 1/3 与右 2/3 之间的分割点；

（14）右口角点

右口角点是口裂水平线右 1/3 与左 2/3 之间的分割点。

人体的 12 个"黄金矩形"

（1）躯体轮廓

肩宽与臀宽的平均数为宽，肩峰至臀底的高度为长；

（2）面部轮廓

眼水平线的面宽为宽，发际至颏底间距为长；

（3）鼻部轮廓

鼻翼为宽，鼻根至鼻底间距为长；

（4）唇部轮廓

静止状态时上下唇峰间距为宽，口角间距为长；

（5）、（6）手部轮廓

手的横径为宽，五指并拢时取平均数为长；

（7）、（8）、（9）、（10）、（11）、（12）上颌切牙、侧切牙、尖牙（左右各三个）轮廓：最大的近远中径为宽，齿龈径为长。

人体的 2 个"黄金指数"

（1）反映鼻口关系的鼻唇指数

鼻翼宽与口角间距之比近似黄金数；

（2）反映眼口关系的目唇指数

口角间距与两眼外眦间距之比近似黄金数。

◆面部轮廓

展望——生活中神秘的黄金分割

植物的叶子千姿百态，但叶子在茎上的排列顺序（即叶序）却是极有规律的。你从植物茎的顶端向下看，会发现上下层中相邻两片叶子之间约成 137.5°角。具体而言，第一层和第二层相邻两叶之间的角度差约是 137.5°，以后二到三层，三到四层，四到五层……两叶之间都成这个角度。这正是黄金分割律在植物叶子角度上的体现。植物学家研究表明，这个角度对叶子的采光、通风都是最佳的。

◆帕提农神庙

古希腊帕提农神庙高和宽的比是 0.618，被誉为举世闻名的完美建筑。建筑师们发现，按这样的比例来设计殿堂，殿堂显得更加雄伟、壮丽；去设计别墅，别墅将更加舒适、美丽。归纳起来，将黄金分割律引入建筑设计领域，将会使建筑物结构更加协调，更加令人赏心悦目。

拓展思考

1. 分析正五边形和五角星的性质特征，测量五角星所有线段的长度，它们之间是否均满足黄金分割比？

2. 根据人体美学所具有的黄金分割特征，勾画出一个理想的最具美感的人体结构图。

3. 查阅相关资料，联系生活实际，你还能发现哪些物体满足黄金分割律？

追求真理
——刘徽构型之"牟合方盖"

◆牟合方盖

"牟合方盖"是我国古代几何学中的标志性图形，其构思之巧妙可以与"克莱因瓶"相媲美。

我国古代杰出的数学家刘徽，通过牟合方盖方法比较精确地计算出了球的体积，该方法能够使我们领略到1800年前我国古代数学家在解决复杂几何问题的过程中所具有的高度直观思维和较强的创造性。其影响可以延续至今天的数学学习。

牟合方盖的内容

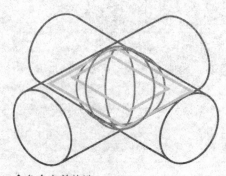

◆牟合方盖构造

牟合方盖是由我国古代数学家刘徽所创造，并利用它成功地发现了求解球体体积的方法和公式。其实质是一种几何体，是由两个半径相等的圆柱体平放在同一个平面上，并垂直相交，取其公共部分，由于其形状像是两个方形的盖子合在了一起，所以被称为"牟合方盖"。

名人介绍——中国古代著名数学家刘徽

◆刘徽

刘徽（公元250年左右—不详），三国后期魏国人，是中国古代杰出的数学家，也是中国古典数学理论的创始人之一。刘徽不仅对中国古代数学发展产生了深远影响，而且在世界数学史上也有着极高的历史地位，因此被誉为"中国数学史上的牛顿"。

刘徽的数学著作留传下来的很少，主要有：《九章算术注》、《重差术》（唐代易名为《海岛算经》、《九章重差图》）。

刘徽的数学成就及主要贡献大体可以分为两个方面：

其一，对中国古代数学体系进行整理，奠定了它的理论基础。研究成果集中体现在《九章算术注》中，形成了一个比较完整的理论体系。

其二，创造并发展了自己的研究成果。主要体现在：使用割圆术证明了圆的面积计算公式，并给出计算圆周率的科学方法；指出《九章算术》中关于球体体积的计算公式是不精确的，引入了"牟合方盖"这一著名的几何模型；使用无限切割的方法解决锥体的体积；方程新术；重差术等。

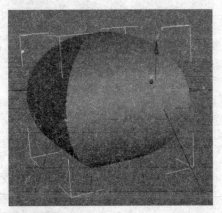

◆牟合方盖

牟合方盖的构思

《九章算术》一书中记载，球体的外切圆柱体积与球体体积之比等于正方形与其内切圆面积之比。刘徽在《九章算术》的注释中指出，这种说法是不正确的，因此构造了"牟合方盖"这一几何模型，并借助其研究了球体体积的计算公式。

牟合方盖的构思步骤为：

第一：正方形中画出内切圆，正方形面积与圆面积之比为4∶π。

第二：把球体切成薄片，每片内切于一个正方形薄片。

◆正方形面积∶圆面积＝4∶π

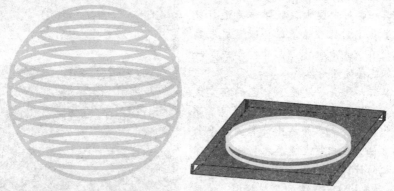

◆球体切割（张广祥. 数学思想五十问）

第三：把球片和外切正方形薄片按照原来的顺序重叠起来。内部的圆片重新形成一个球，而外切正方形薄片形成的几何构形就是"牟合方盖"。二者体积之比满足的关系，即牟合方盖∶球体＝4∶π。

第四：作出外切正方体，求出体积之比。正方体∶牟合方盖＝3∶2。这一步是由祖暅完成的。

求解过程：

$$V_牟 : V_球 = 4 : \pi \Rightarrow V_球 = \frac{\pi}{4} V_牟 ;$$

$$V_方 : V_牟 = 3 : 2 \Rightarrow V_牟 = \frac{2}{3} V_方 ;$$

$$V_球 = \frac{\pi}{4} V_牟 = \frac{\pi}{4} \cdot \frac{2}{3} V_方 = \frac{\pi}{6} \cdot$$

$$8r^3 = \frac{4}{3} \pi r^3$$

刘徽使用割圆术成功解决了圆面积的求解方法，基于割圆术的思想，构造出的牟合方盖成功地解决了球体体积的求解方法。

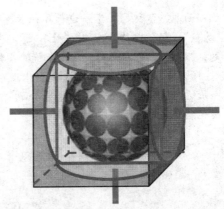

◆牟合方盖计算球体体积（张广祥. 数学思想五十问）

九章算术

《九章算术》是我国古代第一部数学专著，是一本综合性的历史著作，是当时世界上最先进的应用数学著作。它标志着中国古代数学完整体系的形成。它系统地总结了战国、秦、汉时期的数学成就，最早提出了分数问题，首先记录了盈不足等问题。古代著名数学家张苍、刘徽、李淳风等对其进行过校正补充。

《九章算术》的内容十分丰富，九章的主要内容分别是："方田"，即田亩面积计算；"粟米"，即谷物粮食的比例兑换；"衰分"，比例分配问题；"少广"，即

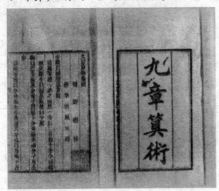

◆九章算术

◆九章算术之圆周率

已知面积、体积，求其一边长和径长等；"商功"，即土石工程、体积的计算；"均输"，即合理摊派赋税；"盈不足"，即双设法问题；"方程"，即一次方程组问题；"勾股"，即利用勾股定理求解的各种问题。

《九章算术》的数学成就主要体现在分数运算、比例问题、面积体积计算、一次方程组解法、平方、立方等方面。《九章算术》于隋唐时期传入朝鲜、日本，现已被译成多种文字。

拓展思考

1. 查阅相关资料，对"牟合方盖"几何体的性质、特征你还知道哪些？

2. 利用"牟合方盖"求解球体的体积，这种方法和割圆法求解圆的面积有什么联系？

3. 你能否利用其他方法证明球体的体积计算公式？

勾勒理想的王国
——毕达哥拉斯树

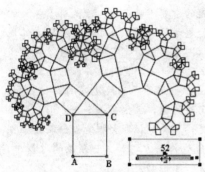

◆毕达哥拉斯树

我国将直角三角形的两条直角边的平方之和等于斜边的平方这一特性叫做勾股定理或者称为勾股弦定理。

勾股定理早已为巴比伦人和中国古代所运用，但是对该定理最早进行系统证明的是古希腊著名数学家毕达哥拉斯，因此该定理又称为毕达哥拉斯定理。毕达哥拉斯树是根据勾股定理的证明思想而绘制出一个无限重复的树形图形。

勾股定理的证明

对于勾股定理的证明具有很多种方法，本节我们只介绍毕达哥拉斯所采用的证明方法。

毕达哥拉斯证明勾股定理所采用的方法可以由右图表示出来。分别以直角三角形的三条边为边向外作正方形，如图所示红、蓝和紫色三个正方形。通过计算你会发现紫色正方形的面积等于红色正方形面积与蓝色正方形面积之和。由此可以得出，直角三

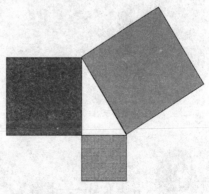

◆勾股定理的证明

角形的两条直角边的平方之和等于斜边的平方，勾股定理得以证明。

轶闻趣事——处处留心皆学问

　　据记载，毕达哥拉斯证明勾股定理的灵感来源于一次宴会。毕达哥拉斯应邀参加一位富有的政要的宴会，主人的豪华宫殿式的餐厅地面铺设着正方形的彩色大理石。由于主人迟迟未上菜，众多饥肠辘辘的贵宾牢骚满腹。但是对于伟大的数学家毕达哥拉斯来讲，任何时间都是学习和思考的时间。善于观察和思考的他凝视着脚下的这些正方形瓷砖，欣赏瓷砖美丽图案的同时，将它们与数学联系了起来。于是毕达哥拉斯拿出画笔，蹲在地板上，选择一块瓷砖，并以它的对角线为边画出一个正方形，他发现这个正方形的面积恰好等于两块瓷砖的面积之和。由于好奇，他又以两块瓷砖拼成的矩形的对角线为边，画出另一个正方形，这个正方形的面积等于5块瓷砖的面积之和。于是，毕达哥拉斯大胆地作出假设：任何直角三角形，其斜边的平方等于另两条直角边的平方之和。一顿饭的过程中，伟大的数学家毕达哥拉斯对著名的勾股定理进行了证明。

◆正方形地板砖

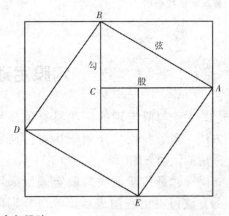

◆勾股弦

名人介绍——著名数学家毕达哥拉斯

　　毕达哥拉斯（Pythagoras，约公元前580—前500），古希腊著名数学家、哲

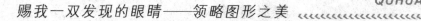

学家。

毕达哥拉斯在数学方面贡献巨大，他最早宣称数是宇宙万物的本原，提出研究数学的目标并不在于使用而是为了探索自然的奥秘。认为无论是解说外在物质世界，还是描写内在精神世界，都不能没有数学，即万事万物背后都有数的法则在起作用。他最早使用演绎方法证明了勾股定理。在数论方面，将自然数区分为奇数、偶数、素数、三角数和五角数等。在几何方面，毕达哥拉斯学派证明了"三角形内角和等于两个直角"的论断等。

公元前 6 世纪末，毕达哥拉斯创立了毕达哥拉斯学派，成员大多是数学家、天文学家、音乐家。该学派是一个集政

◆毕达哥拉斯

治、学术、宗教于一体的组织，是西方美学史上最早探讨美的本质的学派。

毕达哥拉斯树

毕达哥拉斯树是由毕达哥拉斯根据勾股定理的证明思想所画出来的一个可以无限重复的图形，因为经过数次重复之后，图形的形状好似一棵树，所以被称为毕达哥拉斯树。

◆毕达哥拉斯树

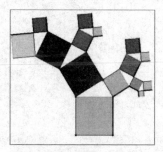

◆毕达哥拉斯树

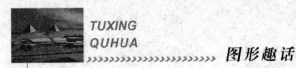
毕达哥拉斯树的性质是：

（1）直角三角形两条直角边平方的和等于斜边的平方，即勾股定理。

（2）两个相邻的小正方形面积的和等于相邻的一个大正方形的面积。

（3）利用不等式 $A^2 + B^2 \geq 2AB$ 可以得出，三个正方形之间的三角形，其面积小于等于大正方形面积的四分之一，大于等于一个小正方形面积的二分之一。

根据所作三角形的形状不同，所得毕达哥拉斯树的"枝干"茂密程度就不同。

拓展思考

1. 查阅相关资料，对于勾股定理的证明方法，你能列举出几种？

2. 毕达哥拉斯树中蕴涵了哪些数学思想？

3. 动手绘制一棵"毕达哥拉斯树"，分析其性质特征？

4. 对于毕达哥拉斯和毕达哥拉斯学派在数学方面、哲学方面的贡献，你还知道哪些？

由简至繁——迭代分形

在我们生活的现实世界中，存在着千姿百态的图形。除了像房屋建筑、公路桥梁、交通工具、生活用具等形态规则的几何图形之外，还广泛地存在着诸如花草树木、奇山异石、烟雾云朵等形态极不规则的几何形体。

随着科学家和艺术家的苦苦追寻，一些科学家开始朦胧地感觉到另一个几何世界的存在，这个几何世界的描述对象是自然界的几何形态，它就是分形几何。

◆分形

分形几何的内容

◆分形

20世纪70年代，美国科学家芒德勃罗用 Fractal（原意是碎片、分数等）一词来定义这门新兴的几何学科——分形几何学。分形几何把自然形态看做是一个具有无限嵌套层次的精细结构，该结构在不同尺度下保持某种相似的属性，因此，由简至繁，通过简单的迭代就可以得到一个描述复杂的自然形态的有效方法。

◆Hilbert 曲线

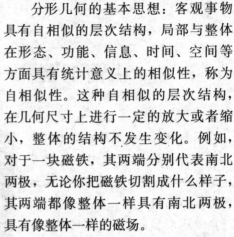

分形几何的基本思想：客观事物具有自相似的层次结构，局部与整体在形态、功能、信息、时间、空间等方面具有统计意义上的相似性，称为自相似性。这种自相似的层次结构，在几何尺寸上进行一定的放大或者缩小，整体的结构不发生变化。例如，对于一块磁铁，其两端分别代表南北两极，无论你把磁铁切割成什么样子，其两端都像整体一样具有南北两极，具有像整体一样的磁场。

分形几何的性质：普通几何学所研究的对象一般都具有一个整数的维度，例如零维的点、一维的线、二维的面、三维的立体、四维的时空等。而分形几何所研究的对象具有一个分数维度。

研究发现，分形几何图形的构造方式具有一个共同的特点，即最终图形都是按照一定的规则，对初始图形

◆分形

不断地进行变换，不断重复既定规则进行图形修改而形成的。这个过程就是由简及繁的迭代过程。

链接——两位数学家的贡献

在探索形态极不规则的几何形体的过程中，一些科学家和数学家作出了巨大的贡献，推动了分形几何这门新兴学科的诞生。最具代表性的是数学家芒德勃罗（B. B. Mandelbrot）和科赫（Koch）。

20 世纪 70 年代，数学家芒德勃罗在其著作中探讨了"英国的海岸线有多长"的问题。如果使用公里作为测量单位，那么从几米到几千米的一些曲折线段

◆英国海岸线

◆岛屿海岸线

会被忽略；如果使用米作为测量单位，测得的总长度有所增加，但是长度小于米的线段会被忽略。由于海岸线的水陆分界线具有各种层次的不规则性，使用直线把它们连起来，得到海岸线长度的下界；使用沙石作为最小尺度来测量出海岸线长度的上界：这两种方法都是没有意义的。在上界与下界之间存在着许多个数量级的长度值，这就需要分维来进行解释。

数学家柯赫从一个正方形的"岛屿"出发，始终保持面积不变，把它的"海岸线"变成无限曲线，其长度也随之不断增加，并趋近于无穷大。由此得出，分维是"Koch 岛"海岸线的确切特征量。

Koch 曲线

Koch 曲线是分形几何中最具代表性的图形之一，其构造方式为：

如右图所示，给定一条直线段，将该直线段三等分；将中间的一段用一个等边三角形的另外两条边来替代，该等边三角形是以中间线段为边而画出的。然后，对所得图形中的每一条小线段，按照上述规则进行修改，并如图所示，逐级细分，以至无穷。这就是通过迭代方法而构造出的极限曲线，也就是所谓的 Koch 曲线。

对 Koch 曲线的修改规则进行一定变化，通过迭代方法将得到其他形状的分形图案。

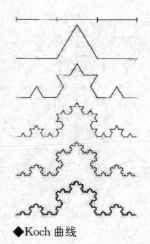
◆Koch 曲线

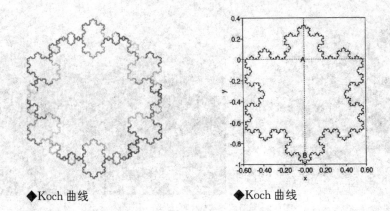

◆Koch 曲线　　　　　　　　　　◆Koch 曲线

Hilbert 曲线

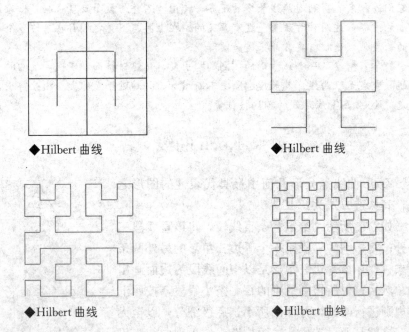

◆Hilbert 曲线　　　　　　　　　◆Hilbert 曲线

◆Hilbert 曲线　　　　　　　　　◆Hilbert 曲线

　　德国数学家 David Hilbert 构造了一种曲线，他首先将一个正方形等分成 4 个小正方形，再依次从左下角的正方形正中心出发，经过左上角正方形正中心、右上角正方形正中心和右下角正方形正中心，这是迭代的规则。如果对 4 个小正方形继续上述操作，往下划分，重复进行，曲线会逐渐填满整个正方形，最终得出上图所示的分形，即 Hilbert 曲线。

拓展思考

1. 你知道日常生活中接触到的图形哪些是分形几何的研究对象？
2. 分形和迭代之间有什么联系？
3. 查阅资料，你还能举出哪些分形曲线？
4. 你能否借助计算机软件绘制出常见的分形图案？

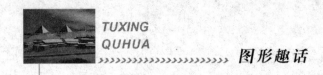
外星人的足迹？——麦田怪圈

麦田怪圈是在麦田或其他农田上产生的几何图案，该图案是农作物受到某种未知力量的作用，被压平而形成的。

17世纪以来，人类对于麦田怪圈的起源和成因争论不休，至今仍然没有一个说服力的解释说明该现象是用何种设备或方法而形成的，因此，麦田怪圈成为外星支持论者的主要物证基础。

◆麦田怪圈

麦田怪圈简介

在长满麦子或其他农作物的农田里，一夜之间有些麦子弯曲倒地，呈现出有规律的圆圈形图案，这就是麦田怪圈。

麦田怪圈现象发生的时间集中在春季和夏季，在全世界范围内都有发生，但绝大部分发生在英国。

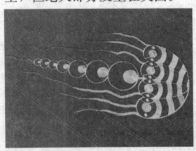

◆水母型麦田怪圈

◆麦田怪圈

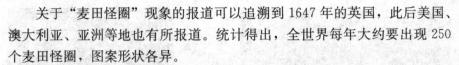

关于"麦田怪圈"现象的报道可以追溯到 1647 年的英国，此后美国、澳大利亚、亚洲等地也有所报道。统计得出，全世界每年大约要出现 250 个麦田怪圈，图案形状各异。

频繁发生的麦田怪圈现象激起众多科学家的探究兴趣。

麦田怪圈的成因

350 多年来，科学界对麦田怪圈的成因一直处于争论不休的状态，目前主要有 5 种解释，但没有哪种可以准确地解释怪圈现象。

磁场说

基于对磁场性质的研究，一些物理学家指出，磁场中产生的电流具有一种神奇的移动力，可以迫使农作物"平躺"在地面上。美国专家杰弗里·威尔逊曾对 130 多个麦田怪圈进行了实地研究，发现 90% 的怪圈附近都有连接高压电线的变压器。他认为，由于麦田得到了灌溉，底部土壤释放出的离子会产生负电，而高压电线的变压器则产生正电，正负电碰撞后会产生电磁感应，从而形成电磁场，产生的移动力击倒小麦而形成怪圈。

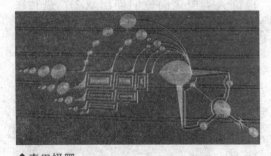

◆麦田怪圈

◆麦田圈之母

龙卷风说

分析历史资料可得，麦田怪圈大多出现在春季和夏季。于是，有人认为，夏季天气变化无常，局部发生龙卷风的概率比较高，从而导致麦田怪圈的产生。很多怪圈出现在山边或者山脚附近，这种地形为龙卷风的产生提供了良好的地理基础，从而容易产生怪圈。

◆麦田怪圈

◆麦田怪圈

外星说

在科学不能明确解释麦田怪圈的情况下，许多人相信，麦田怪圈是外星人的杰作。对于农田怪圈究竟来自何方，一些科学家认为，这些怪圈是来自"更高智慧生活的信息"。英国传统基金会古迹考察员迈克·格林认为："制造这些怪圈的肯定是具有很高智慧的东西，也许它试图通过这些奇特的图形来跟我们进行沟通，也许人类应该向他们伸出双手，进行接触，它们与 UFO 具有十分相同之处。"

异端说

在科学尚不能准确地解释麦田怪圈的成因之前，有人将麦田怪圈与"百慕大三角"等怪异现象联系起来，认为麦田怪圈背后蕴涵着一种神秘的力量。还有人把麦田怪圈视为"灾难的象征"，甚至散布异端邪说。这些说法显然是伪科学的无稽之谈。

◆圆周率怪圈

人造说

人造说认为，所谓的麦田怪圈无非是一些人的恶作剧。英国科学家安德鲁经过长达 17 年的调查研究，指出80％的麦田怪圈属于人为制造。也有专家指出，麦田怪圈是一些艺术家在黑暗的掩护下，使用简单的绳子、木板和测量尺子制造出来的杰作。据说，直升机红外线摄影机曾拍摄到麦田怪圈的制作过程。

点击——UFO、百慕大三角

UFO

UFO 的全称是 Unidentified Flying Object，中文解释为不明飞行物，又称为幽浮。是指不明来历、不明空间、不明结构、不明性质，漂浮飞行在空中的物体。UFO 一词源自"二战"期间被目击到的蝶形飞行物。不明飞行物的形状还包括球状、雪茄状、棍棒状、纺锤状等。

◆UFO

对于不明飞行物的解释主要有自然现象、物体的误认、心理现象、外星文明产物等几种说法，科学界对此争论不休。但是关于世界各地不明飞行物的报告，至今尚未发现确实可信的证据，始终存在部分现象无法利用现存科学知识来进行解释。

百慕大三角

百慕大三角（Bermuda Triangle），又称魔鬼三角，它位于北大西洋的马尾藻海，是由英属百慕大群岛、美属波多黎各、美国佛罗里达州南端所形成的三角区海域。由于该三角区域经常发生超自然现象以及违反物理定律的事件而闻名于世。

◆飞碟

据说已有50多只船和20多架飞机在百慕大三角区域神秘失踪。该地区无法解释的事件可以追溯到19世纪中叶，一些船只和飞机常常神秘失踪，事后没有

留下任何痕迹，就连船舶和飞机的残骸碎片也找不到。这些真实的案例，为百慕大三角遮上了一层神秘的面纱。

到目前为止，对于"百慕大三角"的解释大体有以下几类：其一，超自然因素造成的；其二，自然原因造成的；其三，海底产生的巨大的沼气泡。百慕大三角这层神秘的面纱是否已经揭开，尚待后续研究验证。

拓展思考

1. 查阅相关资料，你认为麦田怪圈的成因是什么？比较上述几个成因，它们各有哪些可信之处？

2. 查阅相关资料，近一步了解探究 UFO、百慕大三角所具有的神秘面纱。

3. 分组讨论，如何来验证麦田怪圈是人为制作还是其他因素所为？依据是什么？

不看不知道，一看吓一跳
——奇异景观

我们生活的世界是一个极其复杂的系统，是一个多因素整合的共同体。与我们栖息的唯一家园——地球的历史来比，人类的认知确实微乎其微，因此就出现了"人类一思考，上帝就发笑"的名句。

回顾人类的发展史，人类探索自然、研究生存环境的步伐从未停息过，从未知到已知，从知之少到知之多……

◆黄河壶口

"穿洞云"

◆ "穿洞云"

近年来，"穿洞云"奇观一直困扰着气象学家、科学家和物理学家等。乍一看，一望无际的天空却出现了一个洞，莫非这就是前往仙境的通道？答案是否定的。经过美国科学家研究发现，原来这一奇观的创造者是飞机。

美国气象研究中心的科学

家使用飞机跟踪观测拍摄穿洞云景观，发现一组高积云上的圆洞下方产生了 2 英寸的降雪。对附近机场的航班记录查阅发现，一小时前有两架商务飞机起飞，由此可以得出穿洞云奇观与飞机的起飞是密切相关的。当飞机穿过高空云层时，会使过冷水滴迅速凝固成雪花下落，在云层中就形成了一个圆洞。

◆穿洞云

地球奇景

俗话说："站得高，望得远。"意指高屋建瓴，视野开阔，视域宽广。你是否有过高空鸟瞰大地的经历？所谓"当局者迷，旁观者清"，身居大地怀抱的我们，思维固守在习以为常的景观上，已经禁锢了新颖、奇异的视角。当我们以不同的视角来观察身边熟悉的事物时，你会发现别有一番滋味。

这个"指纹"是高空拍摄到的奇景，直径约 30 米，位于英国布莱顿霍夫市的霍夫公园。

◆神秘的指纹

"巨狮"拍摄于英国贝德福德郡 Whipsnade 动物园的上空。这一图案在平地上是很难辨别出的，只有借助高空拍摄的条件才能发现。

这个图形的实物是一个巨大的人造湖，该湖的形状在高空拍摄条件下，呈现出一个巨大的人形。

◆巨狮

◆巨人

鲨鱼的微笑

◆鲨鱼的微笑

2008年度"温德兰德－史密斯－赖斯国际最佳自然摄影大奖"海洋组冠军得主是一条柠檬鲨对着镜头"露齿而笑"的特写。这张照片是由美国业余摄影师布鲁斯－耶次拍摄，他说："这条鲨鱼约八英尺长，当时距离镜头只有几十公分。鲨鱼刚张开嘴捕鱼，所以看上去是在微笑。从没有见过鲨鱼具有这种表情的。"

柠檬鲨

柠檬鲨为真鲨科柠檬鲨属的鱼类，因似柠檬的颜色而得名，属于中型鲨鱼。

柠檬鲨主要栖息在美国、巴西、美洲及大西洋其他近海水域。柠檬鲨被确定为一种具有高度迁徙性的种群。

◆柠檬鲨

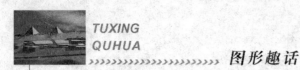

波浪变泡沫

◆海浪变泡沫

时隔 30 年，澳大利亚新南威尔士州的亚姆巴海岸线再次变成了"卡布奇诺咖啡"的海洋，从海里涌上岸边的波浪全部变成了泡沫。据科学家解释说，海水里含有大量不洁物质，如化学物质、腐烂鱼类、海藻等，这些物质相混合而形成泡沫。海水在强气流的作用下形成巨大的海浪，推动泡沫涌向岸边。海浪越多，泡沫就越多。

拓展思考

1. 世界是一个综合的奇妙的系统，分组讨论人类在历史长河中所起的作用。

2. 查阅相关资料，详细了解"穿洞云"的成因。

3. 从不同的视角来观察同一事物，你会发现哪些差异？

4. 你还能举出哪些奇观？分析探究其成因。

移花接木——海市蜃楼

◆海市蜃楼

航行在平静无风的海面上时，经常会看到海面上空呈现出远方的船舶、岛屿、楼台的影像；穿梭于茫茫沙漠的人有时会发现，遥远的地方有一片湖水、一座城市的景象。大风乍起，这些影像就突然消失了。原来这是一种幻景，这就是海市蜃楼。

海市蜃楼的成因

海市蜃楼是一种光学现象，是一种由光的折射、反射而形成的自然现象。

当光在同一密度的均匀介质内传播时，光的运行速度不会发生改变，且沿原方向直线传播。当光线由一种介质倾斜

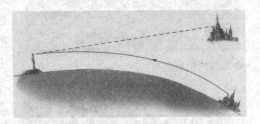

◆海市蜃楼的成因

着进入另一种密度不同的介质时，光的传播速度、方向均会发生改变，这种现象就叫做光的折射。最简单的例子就是，把一根筷子插入水中后，你会发现筷子在水下的部分与露出水面的部分好像是折断的，这就是光的折射所形成的视觉差异。光线在两种介质的交界面处发生折射，同时也会发生反射现象，即一部分光线通过折射进入另一种介质，一部分光线通过反射返回原介质。当光线的投射角倾斜到一定程度的

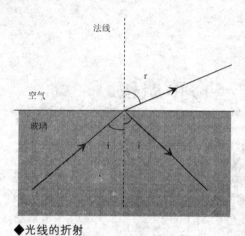

法线

空气

玻璃

r

i   i

◆光线的折射

法线

空气

玻璃

◆光线的全反射射

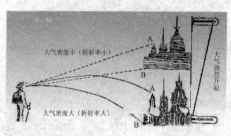

大气密度小（折射率小）

大气温烈升温

A

B

A

B

大气密度大（折射率大）

◆上现蜃景

时候，光线将被全部反射返回原介质，而没有光线折射进入第二种介质，这种现象就叫做全反射。

空气本身并不是一种密度一致、结构均匀的介质，其密度是随着高度的增加而减小的，这就是"高原缺氧"的原因。当光线穿过不同高度的空气层时，不可避免地会发生一些折射和反射，这为蜃景的产生提供了可能。

夏季的白昼，海面的湿度比较低，水温也比较低，受水温影响，海面上空下层空气较冷，出现上暖下冷的反常现象（正常情况是下暖上冷，海拔每升高 100 米，气温约下降 0.6 度）。下层空气因气压比较高，密度相对比较大，再加上下层气温较低，密度就显得更大，因此空气层下密上稀的差别更加显著。

由于空气层下密上稀的差异太大，来自船舶的光线先由密的空气层逐渐折射进入稀的空气层，并在上层发生了全反射，又返回到下层空气层中，最后投入我们的视野中，我们就看到了远处船舶的像。由于人的视觉总是感觉物体的像是来自直线方向的，因此，我们看到的船舶的像比实物的位置抬高了许多，这就是上现蜃景。

在沙漠中，白天沙石被太阳晒得火热，受其影响下层空气气温升高得极快，从而导致下层空气密度小于上层空气密度，即下稀上密。这时，前方一棵树从树梢倾斜向下投射的光线，由密度大的空气层进入密度小的空气层时，会发生折射。折射光线贴近地面热而稀的空气层时，就会发生全反射，由近地面密度小的空气层反射到上面密度大的空气层中，这样就出现了一棵树的倒影，即下现蜃景。

◆海市蜃楼

◆海上蜃景

◆沙漠蜃景

海市蜃楼的历史

◆沙漠蜃景

平静的海面、沙漠、戈壁、雪原容易产生海市蜃楼现象。我国山东蓬莱海面经常出现高大的楼台、城池、树木等幻景，古人归因于蛟龙之属的蜃，吐气而成楼台城廓，故有"蓬莱仙岛"之说。自古以来，蜃景就被世人所关注。西方神话将蜃景描述为魔鬼的化身，是死亡和不幸的凶兆。我国古代则把蜃景视为仙境，秦始皇、汉武帝曾率人前往蓬莱寻访仙境，还屡次派人前去蓬莱寻求灵丹妙药。

《史记·封禅书》记载："自威、宣、燕昭，使人入海求蓬莱、方丈、瀛洲。此三神山者，其传在勃海中，去人不远，患且至，则船风引而去。盖尝有至者，诸仙人及不死之药在焉，其物禽兽尽白，而黄金白银为宫阙。未至，望之如云；及到，三神山反居水下；临之，风辄引去，终莫能至。"唐诗有云："忽闻海上有仙山，山在虚无缥缈间。"

轶闻趣事——两个太阳

◆长河落日圆

2009 年 8 月 18 日，一则报道讲述了哈尔滨天空出现"两个太阳"的奇特景观。观察发现，在正常太阳的南侧，有一个光泽暗一些的第二个"太阳"。当日下午 3 点 40 分左右，第二个太阳逐渐变暗，最后化为一条彩霞而消失。

有关专家解释，"两个太阳"景象的实质是日晕的一种特殊形式，学名叫做"幻日"。幻日是由云层中的冰晶对光线进行折射而造成的，是一种正常的光学现象。这种现象在南北极地区较为常见。

拓展思考

1. 查阅相关资料，归纳分析蜃景经常发生的地区有哪些？这些地区具有哪些相同特点？

2. 认真分析蜃景现象发生的原理，深入学习折射、反射在蜃景产生过程中的作用。

3. 收集整理与蜃景有关的诗词文章，试着品味古人在不能解释蜃景的情况下对蜃景的描述。

少见多怪，无奇不有——奇图共赏

人类是文明的创造者，是历史前行的推动力。人类凭借自己的聪明才智，创造了种类繁多、功能各异的奇异图案，给我们生活的现实世界增添了不少乐趣和美丽情调。

右图是德国街头画家穆勒以《冰河世纪3》为主题创作的大型立体画。该立体画占地320平方米，创造了新的吉尼斯世界纪录，给人们带来了妙趣横生的视觉体验。

◆3D立体画

数一数

几张脸？

一棵普通的树，树叶凋零，树枝丛生，光秃秃的枝丫纵横交错，千姿百态。正是这些错综复杂的枝条，蕴涵着深厚的艺术特色。仔细观察，你会发现，这不是一棵平凡的树，这是一棵暗藏着十多个脸庞的图形。

调动你的艺术细胞，发挥你的聪明才智，这棵树总共具有多少张脸庞？

幽默型答案解释为：

（1）找到0～5张脸——痴呆；

（2）找到6～7张脸——傻子；

◆一树千面

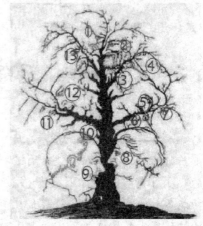

◆一树千面

（3）找到 8～9 张脸——正常；

（4）找到 10～11 张脸——非常正常；

（5）找到 12～13 张脸——绝顶聪明。

几匹马？

从这幅图中，你能找出几匹马？

◆骏马

几个人?

乍一看,画中是一个巨大的老人头像,花白的胡须,光秃秃的脑门,稀少的头发。在石子地的搭配下,俨然一副学者装束。

◆画中画

其实不然,这幅画像并没有这么简单,从上至下,这位老人头像背影中潜藏着若干姿态各异的面孔。无论从整体出发还是从部分着眼,这幅画都蕴涵着无尽的趣味。老人的面部是另一位头戴斗笠,手持衣襟的老人;老人的耳朵和衣领俨然是一位怀抱婴儿、身着裙子的女士;老人的五个手指是一只沉睡的小动物……

仔细观察,从画中你能找出几个人?

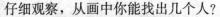

◆少女

◆少女与老人

　　如右图所示，一名骑士，两匹骏马，穿山越岭。第二匹马好像发现了什么，迈着急促的步子急于先走。骑士好像也感觉到有点不对劲，拔出手枪自卫。

　　骑士和骏马是正确的，如果细致观察，你会发现森林隐士就在骑士的周围。你能从图中找出几个人？

◆森林隐士

看一看

　　左下图中是一片水域、一棵曲曲折折的老树、一个小岛、一对情侣等，同时勾勒出了一个还未出生的婴儿画面。你能否看得出来？

◆婴儿

◆训鹰人

　　右图《训鹰人》使用土色和白色描绘了难以计数的苍鹰头像，细心的你是否发现了群鹰受制于一位头戴白冠、身骑骏马的印第安人？对于鹰头像的数量，你是否能够搞清楚？

拓展思考

　　1. 对于这些奇异图片，除了上文提及的内容，你还能找出哪些奇异之处？

　　2. 这些图的共性是什么？

　　3. 查阅相关文献，你还能找出哪些奇异的图来？分组进行搜集，最后汇总进行比较。

人靠衣妆、马靠鞍装

——民族服饰之图形文化

你穿你的蒙古袍，
我着我的藏棉袄；
你做你的绣花鞋；
她刺她的桃花绣，
我制我的小花帽。
图形是民族服饰的重心，
服饰是民族文化的表征，
文化是民族延续的灵魂。
让我们一起来了解民族服饰文化，
让我们一起来认识服饰文化之美，
让我们一起来感受民族精神支柱，
让我们一起来拜读这部"穿在身上的史诗"。

◆56 个民族是一家

草原上的雄鹰——蒙古族服饰

蒙古族是一个富有传奇色彩的民族，是我国北部及西北部主要民族之一。全世界蒙古族人口约为一千万人，其中一半以上居住在中国境内，主要集中在内蒙古自治区、新疆、青海等省份。

蒙古民族被称为"马背上的民族"，他们基于辽阔的草原地理环境，创造了丰富多彩的服饰文化。

◆鄂尔多斯的蒙古族婚礼

服饰简介

蒙古族服饰主要包括长袍、腰带、靴子和首饰。男女老少一年四季都喜欢穿长袍。男袍一般都比较宽大，便于骑马劳作；女袍比较合体，以显身材的苗条和健美。男装以蓝色、棕色为主，女装则用红、粉、绿、天蓝等色调搭配。腰带是蒙古族服饰的重要组成部分，一般使用三四米长的绸缎或棉布制成。男子腰带多

◆蒙古族服饰

用来佩挂刀子、火镰、鼻烟等饰物。靴子分为皮靴和布靴两种。蒙古靴做工精细，靴帮、靴筒等处都绣有精美的图案。佩戴首饰、帽子是蒙古族的习惯。蒙古族的首饰主要由玛瑙、翡翠、珊瑚、白银等珍贵材料制成，以

显首饰的富丽华贵。男子帽子的颜色多为蓝色和黑褐色，也有用绸子缠头的；女子帽子颜色多为红色和蓝色。蒙古族帽子的形状多为圆锥形。

首饰

◆头饰

◆头饰

蒙古族妇女的首饰是蒙古族服饰中最华丽的一部分。尤其是在那达慕大会、隆重婚礼等场合，蒙古族女子佩戴着银光闪烁、珠宝垂面的首饰，给人一种富贵华丽的感觉。蒙古族女子的首饰凝结着民族千百年来的集体智慧、审美观点和生活情趣，记述着民族发展的历史，蕴涵着丰富的图形文化，成为蒙古族配饰的一大亮点和一项重要的人文景观。

蒙古族是一个游牧民族，他们的财富往往集中在妇女的装饰上，尤其是集中在头饰上，以便保存和迁徙。蒙古族喜欢使用红珊瑚、玛瑙、绿松石、金、银等来作装饰。红珊瑚色泽纯正，与珍珠、琥珀并列称为三大有机宝石，是祭祀的吉祥物，代表权贵，被蒙古族人视为祥瑞幸福之物。白银象征着圣洁，松耳石被称为神赐之石。头饰的种类丰富多样，各具特色。不同地区、不同身份、不同年龄的头饰组合也有一定讲究。有的地区还分姑娘头饰、新娘头饰和已婚妇女头饰。头饰的组合结构具有石珠链坠式、盘羊角式、珠链瓣套式等几十种。头饰图案多为各种花卉、虫草、吉祥纹样等，造型精美，玲珑华丽，被誉为"用珠宝写成的诗"。

刺绣

蒙古族刺绣艺术和蒙古族服饰一样源远流长，展示蒙古族服饰华美的同时，蕴涵着丰富的图形文化和艺术积淀。

刺绣，蒙古语称为"嗒塔戈玛拉"。蒙古族服饰中的刺绣主要应用在帽子、头饰、衣领、衣袖、靴子、坎肩等地方，刺绣的图案均具有一种潜在的象征意义，或喻为富贵，或表示生命繁衍，或蕴涵吉祥幸福等。其中"犄纹"，代表五畜兴旺；"回纹"，象征坚强；"蝙蝠"，代表福寿吉祥；"云朵"，意指吉祥如意；"杏花"，预示爱情；"石榴"，代指多子等等。

蒙古族服饰的刺绣艺术，以其独特的表现形式，展现了蒙古族丰富的文化内涵。

拓展思考

1. 分析蒙古族长袍、首饰具有哪些几何图形？

2. 归纳蒙古族服饰刺绣图案中包括哪些几何图形？

3. 查阅相关资料，蒙古族服饰文化蕴涵的精神实质有哪些？服饰图案分别蕴涵哪些喻意？

4. 蒙古族服饰适应草原地理环境的构造特点有哪些？

高原上的精灵——藏族服饰

◆男子服饰

◆女子服饰

藏族人主要居住在西藏自治区、青海、甘肃、四川和云南等地区，主要从事畜牧业，兼营农业。藏族是一个历史悠久的民族，具有深厚的人文底蕴，创造了丰富多彩的服饰文化。

藏族服饰作为一种物质文化产物，它的产生和发展深受藏族人民居住的自然环境、气候条件和生产生活方式等的影响。西藏地区地域辽阔，地理环境和气候特征差异显著，不同气候条件下的地区，服饰特点不可避免地会具有一定的区域性，这就构成了丰富多彩的藏族服饰文化。

藏族服饰的基本特征包括长袖、宽腰、大襟、右衽、长裙、长靴、金银珠玉饰品等。

妇女冬穿长袖长袍，夏着无袖长袍，内穿各种颜色与花纹的衬衣，腰前系一块彩色花纹的围裙。不同地区男子的着装具有一定差别，其共同点包括：藏袍、藏靴、饰品等。

概括而言，藏族服饰与高原地理环境、季节气候变化是密切相关的。藏族在很长一段历史时期内过着追逐水草而迁徙的游牧生活，服饰也具有游牧民族的特色。加上高原地理环境，服装既要具有很好的防寒作用，又要有一定的散热功能，并且可以当做卧具以适应露宿的

◆藏族服饰

生活，且应该便于携带生活用品。藏族服饰的特点包括以下几点：

（1）服饰基本由藏袍、短衣、坎肩、腰带、帽子、靴子、首饰、佩饰等组成。

（2）藏袍的样式有长袖袍、无袖袍；质地上分为棉布袍、绸缎袍、光板羊皮袍、毛呢夹袍等。

（3）藏族服饰的色彩特点表现出强烈的对比色差，如红与绿、白与黑、黄与紫等，并采用金银线搭配使用，以显服饰色调的和谐和明快。

（4）佩饰主要以金银、珠宝、象牙、珊瑚、松石等作为材料。

◆男子服饰

（5）服饰纹样蕴涵着深厚的含义，既具有等级层次之分，又彰显年龄、地区之别。纹样主要采用递增和排比的变化规律。

小贴士——美丽的哈达

敬献哈达是一种藏传礼仪，是藏族人民和蒙古族人民在社交活动中的一种

◆敬献哈达

重要礼仪。哈达是一种丝织品，类似于古代汉族的礼帛，是藏族和蒙古族同胞向客人表示敬意和祝贺的长条丝巾或纱巾。哈达一般宽约二三十厘米，长约一两米，使用纱或者丝织成，每逢喜庆之事、远方客人来临、拜会尊长、远行送别等场合，都会敬献哈达以示敬意。

哈达的颜色多为白色、蓝色等。此外，还有五彩哈达，颜色有蓝、白、黄、绿、红等。蓝色表示蓝天，白色表示白云，绿色表示江河水，红色表示空间护法神，黄色象征大地。这五种颜色组合起来形成的五彩哈达是献给菩萨和近亲时做彩箭用的，是最珍贵的礼物。佛教教义将五彩哈达解释为菩萨的服装，只有在特定情况下才能使用。

拓展思考

1. 分析藏族服饰具有哪些几何图形？分析服装上的条纹图案蕴涵的深层含义。

2. 藏族服饰所具有的特征跟藏族人民生活的地理环境、气候变化有什么联系？

3. 查阅相关资料，分析、比较不同地区的藏族服饰所具有的差异性，差异的原因是什么？

TUXING
QUHUA

花帽的海洋——维吾尔族服饰

在中国的西北边陲，有一个美丽的地方——新疆。那里有一座白雪皑皑的天山，天山脚下居住着一个能歌善舞的民族——维吾尔族。"维吾尔"意指"团结"、"联合"。维吾尔族以农业生产为主，那里盛产棉花、小麦等农作物。此外，维吾尔族人民心灵手巧、能歌善舞，那里是艺术的殿堂，那里是五彩缤纷的世界。

◆民族舞蹈

服饰简介

维吾尔族服饰不仅花样繁多，而且非常美丽，富有特色。
维吾尔族服饰色彩鲜明、纹饰多样、图案古朴、工艺精湛，反映了一

◆红色的海洋

◆五彩斑斓的世界

◆维族舞蹈

个地区、一种文化的历史积淀。其款式具有鲜明的民族特色和地域特征。维吾尔族妇女服饰擅长运用色彩的对比搭配，使红色更亮，绿色更翠。男子服饰则讲究黑白效果，以显粗犷奔放。维吾尔族是一个爱花的民族，人们头戴绣花帽，身穿绣花衣，脚着绣花鞋，扎的是绣花巾，背的是绣花袋，衣着服饰与鲜花密切相关。

维吾尔族服饰既保留了传统的样式风格，又极富现代特色。男子穿"袷袢"长袍，右衽斜领，无纽扣，用长方丝巾或布巾扎束腰间。农村妇女多在宽袖连衣裙外面套对襟背心，城市妇女现在多穿西装上衣和裙子。维吾尔族男女都喜欢穿皮鞋和皮靴。男女老少都戴四棱小花帽。妇女常以耳环、手镯、项链为装饰品，有时还染指甲，以两眉相连形式画眉；维吾尔族姑娘以长发为美，婚前梳十几条细发辫，婚后改梳两条长辫，辫梢散开，头上别新月形梳子为饰品。

帽子

在维吾尔族服饰中，最具有特色的就是帽子，男女老少都喜欢戴帽子。帽子不仅具有防寒、避暑的功能，更重要的是帽子是生活礼仪中的必备品。维吾尔族帽子主要分为皮帽和花帽两大类。

皮帽

皮帽大多在冬季佩戴，主要用于保暖御寒，也有的夏季佩戴，以保护皮肤湿润和防暑。维族人的皮帽大多使用羊皮制作，也有狐皮、兔皮、貂皮的。维族的帽子主要有以下几种：

人靠衣妆、马靠鞍装——民族服饰之图形文化

1. 白吐玛克

白吐玛克又称喀什白皮帽，形状类似深钵，顶部有四个厚大的棱角。羊皮制作，绒毛在内，皮板在外，下帽沿织有一圈白色或黑色的毛边。主要由青年男子佩戴。

2. 阿图什吐玛克

阿图什吐玛克形状与喀什吐玛克相似。帽子面料由黑色的平绒或丝绒制成，下帽沿的一圈毛边是由贵重的貂皮制成。

3. 赛尔皮切吐玛克

赛尔皮切吐玛克形状与喀什白皮帽相似，但布料用平绒或丝绒制成，沿边较细，用貂皮或其他兽皮做成。这种类型的帽子一般由中老年男性和宗教人士佩戴。

◆皮帽大全

◆花帽工艺

花帽

◆花帽

维吾尔族花帽是维吾尔族服饰中的一个重大亮点，充分体现了民族特色。花帽不仅选料精良，而且工艺精堪。制作小花帽的维吾尔工匠，都有一套"绝活"。花帽的样式种类繁多，图案与纹样千变万化，各种样式、花纹、图案与所处的地域环境密切相关，凸显出鲜明的地方特色。

喀什地区花帽的样式繁多，男士花帽尤为突出。男士花帽以黑色底案和白色花纹为主，色彩对比鲜明，配上格调典雅的"巴旦木"图案，按照纹样的走势，突起的棱角彰显出立体感。和田、库车地区的花

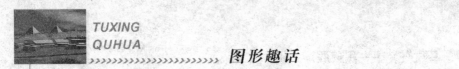
帽以优质的丝绒作为面料，用搭配色彩各异、疏密有致、变幻无穷的丝线编织纹样，致使纹样透溢着独特的韵味。有的花帽镶嵌着串珠、金银饰片等，串珠散发出的圆润光泽，结合多种图案的巧妙组合，使花帽更加美丽。有的花帽顶部纹饰凸起，彩线编织细腻，彩球串缀闪亮夺目，是新娘的喜爱之物。吐鲁番地区的花帽则以色彩艳丽著称。大红的花纹配上翠绿的花纹，宛如朵朵绚丽的奇葩。伊犁地区的花帽，不仅突出线纹的流动感，而且具有素雅、大方等特点。花帽的造型扁浅圆巧，纹样简炼概括。

拓展思考

    1. 查阅相关资料，分类归纳维吾尔族服饰的发展变革、构成部分、主要特征分别有哪些？

    2. 查阅相关资料，试着去解读维吾尔族花帽的形状、结构、图案以及蕴涵的喻意。

    3. 维吾尔族服饰中还有哪些特色？

穿在身上的史诗——苗族服饰

苗族是一个发源于中国，具有浓厚的历史积淀的国际性民族。在我国主要分布在贵州、湖南、云南、湖北等省份。

苗族的音乐舞蹈历史悠久，苗族的中草医术精湛，苗族的挑花、织锦、刺绣、蜡染、首饰制作等工艺，瑰丽多彩，蕴涵着丰富的图形文化，在国际上享有盛名。

◆苗族服饰

服饰简介

苗族服饰被誉为"人类历史文明的承载者"。贵州黔东南地区现有的苗族服饰不下200种，是我国和世界上苗族服饰种类最多、保存最完整的区域，被称为"苗族服饰博物馆"。

从总体上来看，苗族服饰沿循着我国民间织、绣、挑、染的传统工艺技法。在制作过程中，往往运用多种工艺手法相结合，

◆节日盛装

一种为主，其余为辅，或者挑中带绣，或者染中带绣，或者织绣结合，从而使这些服饰图案花团锦簇，溢彩流光，显示出鲜明的民族艺术特色。从

◆艳丽的服装

内容上来看，服饰图案大多取材于日常生活中各种活生生的物象，并将这些物象加以变换，使其具有传情达意和辅助语言的重要作用。这些形象记录被专家学者称为"穿在身上的史诗"。从造型上看，苗族服饰采用中国传统的线描式，以单线为纹样轮廓的造型手法。对于制作技艺，服饰发展史上的五种形制，即编制型、织制型、缝制型、拼合型和剪裁型，在黔东南苗族服饰中均有体现，历史层级关系清晰，堪称服饰制作史陈列馆。就服饰颜色而言，苗族喜欢选用对比强烈的色彩，努力追求服饰颜色的浓郁和厚重的艳丽感，大多选用红、黑、白、黄、蓝五种颜色。苗族服饰在形式上可以分为盛装和便装。盛装，在节日礼宾和婚嫁场合穿戴，富丽华贵，彰显出苗族服饰的艺术水平。便装，样式比盛装样式素静、简洁，用料少，费工少，供日常生活穿用。同时，苗族服饰还有年龄和地区的差异。

◆精美的头饰

刺绣

苗族刺绣水平高超，具有传承历史文化的作用。几乎每一个刺绣图案纹样都有一个来历和传说，蕴涵着深厚的民族文化，既是民族情感的表达，又是苗族历史与生活的展示。

人靠衣妆、马靠鞍装——民族服饰之图形文化

苗族刺绣是装饰服装的主要手段，刺绣的题材、手法、样式丰富多样，所绣图案艳丽多彩、生灵活现。

◆苗服

苗族刺绣的特点在于借助色彩的运用、图案的搭配、技法的组合以达到视觉上的美感。刺绣图案中潜藏着丰富的几何图形变换，例如中心对称、轴对称、平移等，展现出多维空间特色，给人一种栩栩如生的感觉。

刺绣是苗族妇女的特长，作品表现出高超精湛的技艺。刺绣图案色彩丰富多样，造型奇特，包括龙、鸟、鱼、蝴蝶、花朵等。在苗族人心中，蝴蝶、大宇鹡鸟是民族的始祖，是创业者，将这些图案纹绣在衣服上面，表示对祖先的尊敬与崇拜。苗族服饰上

◆刺绣

的刺绣图案还具有明显的阴阳结合、对称和谐之美，表达苗族祖先对自然、宇宙、生命起源的理解和认识。

银饰

据记载，苗族银饰具有400多年的历史，大体可以分为头饰、颈饰、胸饰、手饰、盛装饰和童帽饰等。苗族银饰的特征可以归纳为"大、重、多"，即以大为美，以重为美，以多为美。苗族银饰以其多种多样的类别，富有创意的造型和精巧的技艺，向人们展示了一个瑰丽华美的艺术世界，同时展现了苗族人民多姿多彩的精神世界。

头饰

苗族头饰包括银角、银帽、银围帕、银发簪、银顶花、银花梳、银耳环、银童帽等。这些银饰在样式、喻意方面具有一定的地区差异。

银角大体可以分为西江型、施洞型和排调型。西江型银角通常以二龙戏珠图案作为主纹，龙身、宝珠凸出底面约1厘米，宽约85厘米，高约80厘米，其体积之庞大，特色之鲜明堪称世界一绝；施洞型银角又称银扇，主纹也是二龙戏珠，龙体和宝珠单独制作，并使用银线焊接到主体上。顶端是蝴蝶，银片之间置有六只凤鸟，展翅欲飞。相比之下，

◆银帽

施洞型银角造型最为奢华、制作最为精细。排调型银角同上述两种银角大体相似，差异在于远观似角，近看如羽，是一种艺术的混合体。

苗族将银视为辟邪之物，银童帽将银饰钉在幼童的帽子上，以求儿童健康成长，这是生活在清水江流域的苗族所特有的习俗。

◆银童帽

传统的银童帽造型多为狮、鱼、蝶等物象，有的镶刻有汉族文化中的"福禄寿喜"、"长命富贵"等字样，构思巧妙，造型别致。

衣饰

苗族银质衣饰主要包括：银衣片、银围腰链、银扣等。

银衣片是贵州清水江流域苗族银衣服饰的主要饰物，分为主片和配片。主片压花，纹饰精美，用来装饰衣服的重要部位；配片较小而且简

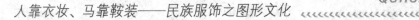

TUXING
QUHUA

单，用来装饰衣袖、衣襟等部位，起渲染和衬托的作用。施洞苗族银衣片的主片有 44 件，分为正方形、长方形、圆形三种，上面雕刻有虎、凤凰、锦鸡、龙、仙鹤、蝴蝶、花卉等形象，三排为一组，上边圆形、中间长方形、下边正方形。帽子银衣泡 595 个，蝴蝶铃铛吊 60 件，用于衣摆、袖口等部位。

◆衣饰

银围腰是苗族服装的重要饰物，多以梅花链环造型，有单层、双层两种，用蝶、钱等形象做链扣来连接围腰的两端。银扣分为带链式和不带链式两种，前者用于右大襟衣的前脚处，起装饰作用，后者多用于对襟衣服，多制作成梅花、金瓜、铃铛等形状。

拓展思考

　　1. 查阅相关资料，谈谈你对苗族服饰的看法。为什么苗族服饰被誉为"穿在身上的史诗"？

　　2. 苗族具有悠久的历史，苗族服饰保留了哪些传统特色？

　　3. 比较苗族银饰与其他民族银饰之间都有哪些差异？

　　4. 分析归纳苗族刺绣、织锦等图案纹样中都有哪些几何图形？

律动的色彩——土家族服饰

◆女子盛装

土家族分为北支土家族和南支土家族。北支土家族自称"毕兹卡"，意指本地人，居住在湘西、湖北恩施、宜昌等地区；南支土家族自称"廪卡"，意指巴人始祖廪君的族人，居住在重庆、黔东、凤凰等地。土家族的织绣艺术高超，土家织锦被誉为中国三大名锦之一，服饰文化浓厚。

服饰简介

◆土家服饰

土家族妇女在日常生活中多穿着短衣大袖，衣襟开在左边，长裙或者镶边筒裤；男子多穿对襟短衫。在重大节日或者重要场合，土家族男子上穿琵琶襟上衣，缠青丝头帕成"人字路"形状，下着青、蓝布加白布裤腰和高粱面白底鞋；妇女上穿左襟大褂，滚两三道花边，衣袖比较宽大，

下着镶边筒裤或八幅罗裙，佩戴各种金、银、玉质饰物。在繁多的色彩中，红色最受土家人青睐。红色给人一种热烈、鲜艳、醒目、祥和的感

◆男子盛装

觉，因此服饰多以红色为主。久而久之，红色不仅成了服装的主要色彩，而且在生活中也形成了无红不成喜，有喜必有红的习俗。随着历史的发展和文化的交融，土家族服饰结合土家族高超的织绣技艺，形成了丰富多彩的服饰文化，展示出浓厚的民族特色。

土家织锦

简介

土家织锦历史悠久，源远流长，至少可以上溯到距今四千多年前的古代巴人时期。土家织锦技术体现了中国少数民族织锦技艺体系的先进水平和基本特征。

土家织锦是土家姑娘使用一种古老的木腰机，以棉纱为经，以五彩丝线或棉线为纬，完全使用手工织成的手工艺术品。土家族织锦是点缀土家族服饰的重要组成部分，不仅将织锦手法融会于服饰的制作中，而且将织锦作品缝制在服装上。土家族织锦技艺是中国传统手工技艺之一，是一笔宝贵的文化遗产，对其传承和发展具有重要意义。

◆土家服饰

特色

◆土家织锦

◆土家族姑娘在织锦

土家织锦又称为"西兰卡普"。西兰卡普的特点是构图大方、织绣精巧、花样丰富、色彩鲜明、热烈而古朴，艺术风格独特，纹样丰富饱满色彩鲜明热烈。

西兰卡普纹样图案的题材丰富广泛，几乎涵盖了土家人生活的方方面面。定型的传统图案已达200多种，有花鸟鱼虫、山川景物、民间寓言、神话故事和吉祥文字等，包括自然物象图案、几何图案、文字图案各大类型。题材内容与土家人的生活习俗有着密切的联系，是土家人与自然关系的生动写照。共同特点表现出：几何图案占据较大的比例，自然物象为适应彩织而被转化成正方形、三角形、直线等图形和线条相组合的图形；图案纹样富于变化；喜欢采用寓意吉利、喜庆、有山区花草鸟兽等的文字来对作品命名。西兰卡普构图中采用了浪漫主义的概括、变形、夸张等手法，巧妙地将动与静、阴与阳、自然纹样与几何纹样有机结合起来，使整个图案既富有生活情趣，又具有鲜明的民族特色。

西兰卡普图案在色彩调配上颇有讲究。有三字歌唱道："黑配白，哪里得。红配绿，选不出。蓝配黄，放光芒。"描述了土家织锦颜色配比的基本原则。西兰卡普喜欢使用对比色彩，以黑色衬底，白色镶边；喜欢使用暖色，红色为主，代表光明。整幅图案色彩斑斓、素雅明快、活泼有生机。

拓展思考

1. 查阅相关文献，土家族的发展历史由几个阶段组成？分别是什么？

2. 土家服饰中有哪些几何图形？

3. 土家织锦是一笔丰富的艺术财富，在图案设计上，几何图形占了较大的比例，分析一块织锦中的几何图形具有哪些特征？

挑花刺绣——黎族服饰

◆竹竿舞

黎族是我国岭南民族之一，主要聚居在海南省中南部，主要从事农业生产。黎族妇女精于纺织。

黎族是一个能歌善舞的民族，音乐和舞蹈具有鲜明的民族风格。黎族的造型艺术以织锦工艺最为著名，织出的黎锦、黎单闻名于世。

服饰简介

黎族男子大多穿着对襟无领的上衣和长裤，缠头巾插雉翎。妇女一般穿着黑色圆领贯头衣，衣服饰物比较多，领口用白绿两色珠串连成三条套边，袖口和下摆以贝纹、人纹、动植物纹等纹样来装饰，前后身用小珠串成彩色图案，下穿花色艳丽的紧身超短筒裙。有些黎族妇女身着黑、蓝色平领上衣，袖口上绣有白色花纹，后背有一条横线花纹，下着色彩艳丽的

◆黎族女装

◆劳动服饰

花筒裙，裙子的合口褶设在前面。盛装时头插银钗，颈戴银链、银项圈，胸挂珠铃，手戴银圈。头系黑布头巾。黎族妇女擅长纺织、刺绣、蜡染等工艺，黎锦、筒裙等衣物色彩斑斓，图案新颖，质地细腻，经久耐磨。

黎族文身

◆绣面

◆黎族妇女

　　文身，黎语叫做"打登"，又称"模欧"，是黎族人的一种传统习俗。黎族人民为了纪念黎母繁衍黎人的伟绩，告诫后人："女子绣面、文身是祖先定下的规矩。如果女子不绣面、文身，死后祖先不相认。"黎族姑娘多在12岁左右开始绣面、文身，黎族人称为"开面"。绣面、文身在黎族传统习俗中是神圣而纯洁的事情，仪式要选择秋天中的一个吉利日子才能举行，如龙日、猪日、牛日。

　　黎族文身被视为民族的标志，与服饰一样具有装饰人的作用。青蛙是黎族最崇拜的动物之一，因此常常作为黎族文身的主要图案。黎族文身可以清晰地看见图案的颜色，多呈几何方形纹样，并选取祖传的图案文在身上。例如，美孚黎妇女经常使用由几何方形纹样、泉源纹样或者谷粒纹样组成的图案；润黎则喜欢使用以树叶纹样或方块形纹样组成的图案。

小贴士——黎族文身的起源

　　远古时期，洪水泛滥，一对兄妹躲进大南瓜里才躲过一劫。他们随着洪水漂浮

◆纹身

到了海南岛，兄妹两人在岛上寻找其他人类，但是没有找到。为了维持人类的繁衍，妹妹不得不绣面文身，以野人的形象和身份出现，使其哥哥不能相认，于是结为夫妇。从此，绣面、文身就成为黎族的传统习俗流传下来。如果活着的时候不在自己身体上文上本民族的标志，死后祖先因子孙繁多，将不认其为子孙，得不到庇护，则永为野鬼。

古老而独特的文身之美，现在正在逐渐消失，年轻女子几乎不再文身，文身手艺也渐渐失传，只能在历史的长河中品味这门艺术。

黎族织染

◆黎族织染

黎族的织染技艺历史悠久，特色鲜明，涉及麻织、棉织、织锦、印染、刺绣等领域，其中比较突出的是黎族织锦和黎族蜡染。当你行走在黎族地区的村寨时，你会看到一件件黎家妇女手工制作的筒裙、上衣、头巾、花帽、花带、胸挂、围腰、挂包、龙被及壁挂等精美的织染艺术作品，其丰富多彩的图案，美不胜收的花纹，展示了南国独特的乡土风韵。黎族织锦是黎族妇女聪明才智的象征，黎族印染体现了她们运用植物染料染色的高超技艺。

拓展思考

1. 查阅黎族相关史料，分析黎族服饰具有哪些特点？与当地的气候环境、人文积淀有何联系？

2. 黎族传统的绣面、文身图案包含哪些几何图形？

3. 黎族织染取得了显著成就，探究其发展过程，分析归纳作品图案中的几何纹样。

金窝银窝比不上咱家的草窝

——民居图形文化

你是茫茫草原上盛开的蘑菇朵，

你是巴楚文化中的活化石，

你是世界民居中的奇葩，

你是纯天然的绿色贝壳，

你是直冲云霄的避风港，

你是天正地方的组合体，

你是科技时代的新生儿，

你是……

你是一首脍炙人口的史诗，

你是一本价值连城的史书，

你展现了人类千百年的才智，

你凝结了人类千百年的心血。

◆江南民居

草丛中的蘑菇朵——蒙古包

蒙古包是蒙古族牧民居住的一种房子。由于蒙古包建造和搬迁比较方便，适合牧业生产和游牧生活。古代蒙古包被称做"穹庐"、"毡包"或者"毡帐"等。

蒙古包看起来外形较小，但包内的使用面积却很大，而且室内空气流通，采光条件比较好，冬暖夏凉，遮风避雨，非常适合游牧生活。

◆蒙古包

简介

蒙古包是蒙古族的传统民居，流行于内蒙古自治区等牧区。蒙古包呈圆形，准确来讲上呈圆锥形，下呈圆柱形。蒙古包有大有小，大的蒙古包可以容纳 600 多人，小的蒙古包可以容纳 20 个人。蒙古包的最大优点就是拆装容易、搬运简便，非常适合游牧生活。蒙古包的建造比较简单，

◆蒙古包矢量图

一般搭建在水草适宜的地方，根据蒙古包的大小先画出一个圆圈，再将"哈那"拉开便形成了圆形的围墙，设置有天窗以通烟气促进空气流通，包门比较小，一般朝向南方或者东南方向。蒙古包搭建好后通常会在地上

铺上厚厚的地毯，四周挂上镜框和招贴画等，给人一种温馨的家的感觉。

结构

◆架木

◆蒙古包内部结构

蒙古包自匈奴时代就已经出现，并一直沿用至今。蒙古包呈圆形，四周侧壁分成数块，每块高约13米左右，使用木条编制围墙并砌制盖顶。蒙古包主要由架木、苫毡、绳带三大部分组成，建造不用水泥、土坯、砖瓦，原料非木即毛，被誉为建筑史上的奇观，是游牧民族的一大贡献。

蒙古包的架木由上至下可以分为："套瑙"、"乌尼"、"哈那"。

套瑙构成了蒙古包的顶。套瑙有联结式套瑙和插椽式套瑙两种。联结式套瑙有三个圈，外面的圈上有许多伸出的小木条，用来连接乌尼，即我们所说的椽子，构成蒙古包的肩，乌尼上联套瑙，下接哈那。乌尼的长短、大小、粗细要整齐划一，木质要求比较高，其长短、数量等都由套瑙来决定。与套瑙相协调的乌尼才能保障蒙古包的肩齐腰圆。哈那承载套瑙、乌尼的重量，制约毡包的大小。哈那像竹子篱笆一样构成蒙古包的围墙。哈那具有三个特征：可以伸缩，高低大小可以进行调节，为扩大或缩小蒙古包的空间提供了可能性；具有巨大的支撑力，上面承载着乌尼、套瑙整个毡包的重量；外形美观，哈那使用的木头是红柳，轻而不易断。这样制作的蒙古包不仅符合力学要求，而且外形匀称美观。

广角镜——蒙古包美观的实质

学习了黄金分割定律之后，我们就掌握了判断事物美与丑的标准，这是一个放之四海而皆准的黄金律。对于蒙古包的构造、外观，我们同样可以引入黄金分割律来进行判定。

如图所示，蒙古包的结构满足黄金分割比，即 AB：BC≈1：0.618

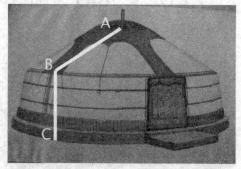

◆黄金分割

拓展思考

1. 查阅相关资料，以几何图形的视角来分析蒙古包的结构特点。

2. 蒙古包被称为建筑史上的奇葩，被誉为游牧人民的杰出贡献，请分析这一观点的依据。

3. 除了蒙古包以外，蒙古族还有哪些民居？

4. 分析蒙古包的黄金分割点有哪些？

巴楚文化的"活化石"——吊脚楼

◆吊脚楼

吊脚楼，又叫"吊楼"，是苗族、壮族、布依族、土家族等民族的传统民居。这些吊脚楼大多依山就势、因地制宜，最基本的特点是一边靠在实地上，其余三边皆悬空，依靠柱子来支撑。这类吊脚楼比较成功地摆脱了原始性，具有较高的文化艺术层次，被称为巴楚文化的"活化石"。

简介

吊脚楼在湘西、鄂西、贵州等地区分布较多，多是因地制宜，依山而建，呈虎坐形，以"左青龙，右白虎，前朱雀，后玄武"为最佳屋场组合。后来讲究朝向，或坐西朝东，或坐东朝西。

吊脚楼属于干栏式建筑，但与一般所指的全部悬空的干栏式是不相同的，吊脚楼是一种半干栏式建筑。吊脚楼最基本的特点是正屋建在实地

◆吊脚楼

◆吊脚人家

上，厢房除一边靠在实地上和正房相连，其余三边都是悬空的，靠柱子来支撑。这样的结构具有很多好处，高悬地面既通风干燥，又能够防御毒蛇、野兽。通常一楼放置杂物，二楼及以上住人。吊脚楼优雅的"丝檐"和宽绰的"走栏"使其别具一格，展现了鲜明的民族特色，体现了聪明智慧的结晶。

点击——吊脚楼的建造

建造吊脚楼是土家人生活中的一件大事。第一步，准备木料，土家人称为"伐青山"。一般多选用椿树、紫树作为木料，椿、紫与"春"、"子"相谐音，蕴涵春常在、子孙旺的吉祥祝福。第二步，制作大梁和柱子，称为"架大码"。梁上还要画上八卦、太极、荷花莲子等图案。第三步，"排扇"。即把加工好的梁柱接上榫头，排成木扇。第四步，"立屋竖柱"。主人选定黄道吉日，请众乡邻

◆土家吊脚楼

帮忙立屋竖柱。上梁前首先要祭梁，然后众人齐心协力将一排排木扇竖起，这时，鞭炮齐鸣，左邻右舍送来礼物祝贺。立屋竖柱之后便是钉椽角、盖瓦、装板壁等。富裕人家还会在屋顶装饰向天飞檐，在廊洞下雕龙画凤，装饰阳台木栏等。

结构

依山而建的吊脚楼通常分为两层，在平地上用木柱支撑，可以节约土地，造价比较低廉。上层通风干燥是居室，下层是猪牛羊圈或者用来堆放杂物。吊脚楼上有绕楼的曲廊，曲廊配置有栏杆。

有的吊脚楼建造成三层，除了屋顶使用泥瓦外，其余结构全部使用杉木建造。屋柱使用大杉木凿眼，柱与柱之间使用大小不一的杉木斜穿在一

◆吊脚楼

◆吊脚楼

起，即使不用一个铁钉也十分坚固。房子四周还置有吊楼，楼檐翘角上翻如展翼欲飞。房子四壁用杉木板开槽密镶，有的里里外外都涂上桐油，既干净又亮堂。

底层比较潮湿不适宜住人，用来饲养家禽，放置农具和重物。

第二层是饮食和起居的地方。内设卧室，外人一般都不入内。卧室的外面是堂屋，堂屋设有火塘，一家人围着火塘吃饭。堂屋比较宽敞明亮。在光线充足通风也好的堂屋，是家人做手工活或休息的地方，也是接待客人的地方。堂屋的另一侧有一道与其相连的宽宽的走廊，廊外设有半人高的栏杆，内有一大排长凳，家人常居于此闲聊。

第三层透风干燥，十分宽敞，除做居室外，还可以隔出小间用来储存粮食和存放物品。

形式

吊脚楼的形式多种多样，其类型主要包括以下几种：

单吊式。这是最普遍的一种形式。厢房的一边与正屋相连，建于地面上，厢房的另一边悬空，下面使用木柱支撑。有人称之为"一头吊"、"钥匙头"。

双吊式。它是单吊式的发展。即在正房的两头都有一边悬空的厢房。又称为"双头吊"、"撮箕口"。

四合水式。它是在双吊式的基础上发展起来的。这种形式的吊脚楼将

金窝银窝比不上咱家的草窝——民居图形文化

双吊式吊脚楼的上部分连在一起，形成一个四合院。两个厢房的楼下即为大门。

平地起吊式：这种形式的吊脚楼的主要特征是，建造在平坝中，按地形本不需要吊脚，却偏偏将厢房抬起，用木柱支撑。

◆吊脚楼

拓展思考

1. 分别从力学和几何学视角来探究吊脚楼的受力作用和几何特征。
2. 联系地理、季候条件，分析吊脚楼的优点和不足。
3. 试着描绘一所吊脚楼。
4. 查阅资料，分析不同民族建造的吊脚楼具有哪些差异？

世界民居奇葩——客家土楼

◆客家土楼

客家土楼，又称福建圆楼，有人称之为客客围屋，主要分布在福建省的龙岩、漳州。

客家土楼独具特色，有方形、圆形、八角形和椭圆形等形状。客家土楼以其独特的造型、庞大的气势以及防潮抗震等优势，被誉为世界上独一无二的神话般的民居建筑。

简介

◆土楼

客家土楼是以泥土作墙而建造起来的集体建筑，是客家的传统民居，历史悠久，沿用至今。客家土楼具有圆形、半圆形、方形、四边形、五边形、交椅形、簸箕形等形状。它们因地制宜，各具特色，其中以圆形最为引人注目，当地人称之为圆楼或者圆寨。

客家土楼最早呈方形，有宫殿式、府第式，不仅形状奇特，而且富有神秘感。楼中可堆积粮食、饲养牲畜，并置有水井，生活设施应有尽有，形成一个微型的生态系统。由于方形土楼具有方向性，在采光方面具

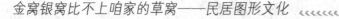
有一定弊端，所以客家人将其改进为通风采光良好的圆形土楼。永定县境内的方形和圆形土楼有8000多座，它最大的圆楼直径达到82米，最小的圆楼是"如升楼"，直径达17米。

客家土楼是同一姓氏族人共同生活居住的地方，属于集体性建筑，它最大的特点就是造型大。无论是远观还是近看，土楼都以其庞大的单体式建筑令人震惊。其体积之大堪称民居之最。一般建筑有三至四层，共有百余间住房，可居住三四十户人家，可容纳二三百人。这种建筑风格体现了客家人聚族而居的民俗风情。

◆方形土楼

◆圆形土楼

结构

土楼的外部形状多种多样，土楼的内部结构也有多种类型，其中最常见的一种内部结构是上、中、下三堂沿中心轴线纵向排列的三堂制结构。这样结构的土楼，下堂为出入口，设置在最前边；中堂居于中心是家族聚会、迎宾待客的地方；上堂是供奉祖先牌位的地方，设置在最里边。从外部环境分

◆土楼

析，客家土楼注重选择向阳避风、临水近路的地方建造，以便于生产、生活。楼址大多坐北朝南，左边临水，右边近路，前有池塘，后有丘陵。

从客家土楼的结构来看，它们具备三个特点：其一，中轴线鲜明，明显呈轴对称图形。厅堂、主楼、大门建造在中轴线上，横屋和附属建筑分布在中轴线的左右两侧，整体布局极为对称。其二，以厅堂为核心。每一层楼都有厅堂，且设有主厅。以厅堂为中心来组织院落，以院落为中心进行群体组合。其三，走廊贯通全楼。

知识库——世界遗产之客家土楼

◆承启楼

◆振成楼

中国客家民居建筑"福建土楼"建筑群被联合国教科文组织列入《世界遗产名录》，成为中国第 36 处世界遗产。

承启楼——土楼之王；振成楼——土楼王子；深远楼——最大圆楼；遗经楼——最大方楼；裕隆楼——仙山楼阁；如升楼——袖珍土楼；五凤楼——展翅欲飞；光裕楼——古朴方楼；振福楼——秀丽端庄；衍香楼——书香门第；环极楼——防震巨堡；奎聚楼——宫殿式土楼；福裕楼——府第式土楼；馥馨楼——最古老土楼。

据记载，承启楼从明崇祯年间破土奠基，至清康熙年间竣工，历时半个世纪，其规模宏大，造型奇特，古色古香，充满浓郁的乡土气息。"高四层，楼四圈，上上下下四百间；圆中圆，圈套圈，历经沧桑三百年"是对该楼的生动写照。

承启楼直径 73 米，全楼分三圈一

TUXING
QUHUA

中心。外圈四层，高 16.4 米，每层设置 72 个房间；第二圈二层，每层设有 40 个房间；第三圈为单层，设 32 个房间。中心为祖堂，全楼共有 400 个房间，建筑面积 5376.17 平方米。全楼共住 60 余户，400 余人。承启楼以它高大、厚重、雄伟的建筑风格和端庄亮丽的造型艺术，融入如诗的山乡神韵，让无数参观者叹为观止。1981 年被收入中国名胜辞典，号称"土楼王"，与北京天坛、敦煌莫高窟等中国名胜一起竞放异彩。1986 年，我国发行了一组中国民居系列邮票，其中以承启楼为图案的邮票在日本被评为当年最佳邮票。

拓展思考

1. 查阅客家相关资料，探究客家土楼的建筑特点都有哪些？分析这些特点与客家发展史的联系。

2. 客家土楼具有多种形状和结构，从几何图形的视角进行分析。

3. 客家民居还有哪些形式？比较其与土楼的差异。

4. 福建客家土楼群有哪些被列为世界文化遗产？

纯天然的绿色贝壳——傣族竹楼

◆傣族竹楼

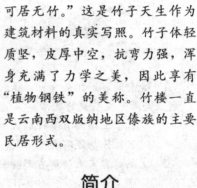

古人云："宁可食无肉，不可居无竹。"这是竹子天生作为建筑材料的真实写照。竹子体轻质坚，皮厚中空，抗弯力强，浑身充满了力学之美，因此享有"植物钢铁"的美称。竹楼一直是云南西双版纳地区傣族的主要民居形式。

简介

来到西双版纳，最令人心动的是那成片的竹林以及掩映在绿树芭蕉下面的座座美丽别致的竹楼，它们像开屏的金孔雀，又似翩翩起舞的少女。在云南西双版纳地区，傣族主要居住在竹楼里。竹楼是一种干栏式建筑，形状近似方形，以数十根大竹子支撑，悬空铺设楼板，房顶使用茅草排覆盖。竹墙缝隙很大，通风

◆傣族竹楼

条件和采光条件均比较好，楼顶两面的坡度很大，呈 A 字形。竹楼分两层，楼上为居室，楼下饲养牲畜或堆放杂物。

结构

傣族竹楼的造型属于干栏式建筑，它的房顶呈"人"字形，一般建成上、下两层的高脚楼房，底层比较潮湿，用于饲养畜禽或放置劳动工具，上层通风明亮，适合人们居住。上层是整栋竹楼的中心部分，布局比较简单，一般分为堂屋和卧室两部分。堂屋设在楼梯进门的地方，面积比较开阔，正中央铺设大的竹席，用来招待来访客人或商讨事宜等。堂屋外边设有阳台和走廊，阳台和走廊上放置着生活用具，这里也是傣族妇女做针线活的地方。堂屋内设有火塘，是烧菜做饭的地方。堂屋向里是用竹子围成的卧室，是一家人休息的地方。整栋竹楼宽敞明亮，通风条件极好，非常适合西双版纳潮湿多雨的气候条件。

◆傣族竹楼

◆傣族竹楼

小贴士——傣族竹楼文化

傣族竹楼的所有梁、柱、墙及附件都是用竹子制成的，竹楼上几乎每一个部分都有不同的含义。走进竹楼就好比走进了傣家的历史和文化，傣家主人会一一告诉你竹楼每一部分所蕴涵的文化。竹楼的顶梁大柱被叫做"坠落之柱"，这是竹楼里最神圣的柱子。不能随意倚靠和堆放东西，它是保佑竹楼免于灾祸的象征。人们在修建新楼时往往会弄来树叶垫在柱子下面，据说这样可以使柱子更加

图形趣话

◆傣族竹楼

◆傣族竹楼

◆傣族竹楼

坚固。除了顶梁大柱外，竹楼里还有其他分别代表男女的柱子。竹楼内处于中间位置且比较粗大的柱子是代表男性的，而侧面比较矮的柱子则代表着女性，屋脊象征凤凰尾，屋角象征鹭鸶翅膀⋯⋯

傣家人传统的等级制度和辈分之别非常严格，在竹楼的建造上也有所体现。例如，凡是长辈居住的楼室的柱子不能低于6尺，楼室比楼底还要高出6尺，室内无人字架，显得异常宽敞明亮。竹楼的木梯也有规定，一般要在9级以上。晚辈竹楼的条件一般较差一些，首先高度要低于长辈的竹楼，其次木梯也只能在7级以下，室内的结构也显得简单许多。

拓展思考

1. 查阅相关资料，分析竹子作为建筑材料的优点和不足分别有哪些？
2. 分析西双版纳地区傣族人创建竹楼作为住房的原因？为什么竹楼要建成人字形？
3. 基于几何图形的视角，分析竹楼的结构特点。

巧夺天工之美——羌族碉楼

碉楼是一种特殊的民居建筑，在我国的分布具有很强的地域性。碉楼的产生、建造和发展与自然环境和社会环境密不可分，综合反映了地域民族的传统文化特色。我国的藏族、羌族均建造有碉楼，其建筑风格和艺术特色堪称民居之最。

◆羌族碉楼

简介

碉楼在羌语中称为"邓笼"。早在 2000 年前的《后汉书西南夷传》一书中就有关于羌族民居情况的记载："依山居止，垒石为屋，高者至十余丈"。碉楼大多建在羌族村寨的住房旁，高度在 10 至 30 米之间，主要用于战争防御和贮存粮食柴草等目的。碉楼有四角、六角、八角等多种形式。

◆羌族碉楼

◆羌族碉楼

有的高达十三四层，建筑材料只有石片和黄泥土。碉楼墙基深达 135 米，由石片砌制而成。石墙内侧与地面相垂直，外侧由下至上稍向内倾斜，建筑稳固牢靠，经久不衰。修建时不绘图、不吊线、不用柱架支撑，全凭高超的技艺与经验，体现了民族工匠高超的技艺，堪称为建筑史上一绝。

链接——永平古堡

1988 年四川省北川县羌族乡永安村发现了一处明代古城堡遗址——永平堡古城。该古城历经数百年的风雨沧桑，仍然保存完好。

永平堡建于明嘉靖二十六年（1547 年），分上、中、下三城，俗称上城子、中城子、下城子和城周围的九墩一校场，占地面积九百多万平方米。

◆永平堡遗址

石砌房

羌族石砌房的建造原理、方法、材料与碉楼相似，并与碉楼、索桥、栈道等并称为建筑史上的奇葩，是羌族人民智慧的结晶。

羌族民居除了碉楼以外，还有用石片砌成的平顶房。平顶房大多呈方形，一般有 3 层，每层高约 3 米。房顶平台的最下面由木板或石板搭建而成，并伸出墙外形成屋檐。木板或石板上密覆树丫或竹枝，再压盖黄土和鸡粪夯实，厚约 0.35 米，有洞槽可以排水，不漏雨雪，冬暖夏凉。房顶平

金窝银窝比不上咱家的草窝——民居图形文化 «««««««««

台是脱粒、晒粮、做针线活及孩子老人游戏休憩的场地。房与房之间修有过街楼，又称"骑楼"，以便往来。

◆石砌房

◆碉楼

拓展思考

　　1. 使用积木试着建造碉楼形式的建筑，分析碉楼在建造过程中应该注意哪些问题？

　　2. 运用力学知识探究碉楼成功屹立百年的力学基础。

　　3. 基于几何学知识分析碉楼、石砌房包含哪些几何图形？

　　4. 分析碉楼建造的原因。

天宽地阔——四合院

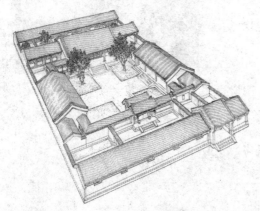

◆四合院图纸

四合院是华北地区民用住宅中一种建筑的组合形式，是一种正方形或者长方形的院落，院落四边建造有房屋，形成了一个封闭式的院子，一般一家一户一个院子。四合院式建筑体现了我国古老传统文化的精髓，其中以北京四合院最具代表性。

简介

◆老北京四合院

四合院是以正房、倒座房、东西厢房围绕中间庭院形成的具有平面布局特点的北方传统民居形式的统称。

在中国民居文化中，四合院历史最为悠久，分布最为广泛，是汉族民居形式的代表。四合院建筑是我国古老传统文化的象征。"四"代指东西南北四个方向四个面，"合"意指合在一起，形成一个口字形，这就是四合院的基本特征。四合院建筑中，结构之精巧，数量之繁多，格式之典雅，当推北京四合院为最。北京的四合院，大大小小，星罗棋布，分布广泛，大的占地几亩，小的占地数

TUXING QUHUA

金窝银窝比不上咱家的草窝——民居图形文化

丈，或独家独院，或数户聚居，形成了一个既符合人性心理特征，又保持了传统文化和邻里关系的居住环境。

结构

四合院的建筑布局，一般是以南北纵轴对称分布，具有独立封闭的基本特征。按其规模大小，有最简单的一进院、二进院或沿着纵轴方向上的三进院、四进院或五进院。各种规模的四合院均由东西南北四面的房屋组合起来而形成。北房即正房，是四合院的主要居室，房屋比较宽敞，台基较高，多为长辈居住；南房即倒座房，外临街道，通常由宾客、书塾、男仆等居住或存放杂物；

◆四合院内部结构图

◆四合院平面布局

东西房屋为东西厢房，宽而短，台基较矮，常为晚辈居住。中间是庭院，构成整个四合院的核心空间，内植花草树木，养有金鱼盆景等。庭院的四个角落里建有耳房，用于储存粮食或放置其他物品。另开有一大门，位于院子的东南角。

轶闻趣事——四合院的讲究

老北京人的讲究比较多，对于四合院的建造也有一些忌讳。如院门前不能种植槐树。因为以前槐树上经常会掉下来一种虫子，俗名"吊死鬼"，担心过路

人会感叹"这里怎么这么多吊死鬼呀?"四合院周围也不种植桑树,大多会在庭院中种植夹竹桃。

◆老舍故居

拓展思考

　　1. 分析四合院式民居建筑怎样体现了中国传统文化? 具体表现在哪些方面?

　　2. 基于几何学视角,分析四合院的图形特征。

　　3. 分析讨论四合院作为北方民居的合理性。

　　4. 请你动手绘制一幅四合院的平面布局图。

扬中华文明之博

——人文图形文化

炎黄子孙称之百姓，
蚩尤后裔谓之黎民，
黎民与百姓合而成中华，
你我皆中华儿女。
上下五千余年，
屹立于世界东方的中国，
创造了先进的科技文化，
推动了历史的车轮。
悠悠中华魂，
你我皆是龙的传人，
你我皆是炎黄子孙，
中国是我们的根。

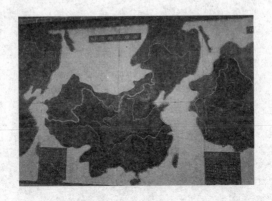

上登天堂，下遨深洋——龙图腾

　　龙是中国神话中的一种善变化、能兴云雨、能利万物的神异动物。传说龙能隐能显，春分时登天，秋分时潜渊，为众鳞虫之长，为四灵（龙、凤、白虎、玄武）之首，后被历代帝王视为皇权的象征。

　　龙是中华民族精神的象征。

◆龙戏珠

简介

　　龙，本是一种想象传说中的奇兽，没有人亲眼看到过，但它是中华民族精神的象征，是中华民族的图腾，龙文化深深地根植于中华民族的社会生活中。

　　古书中关于龙的特征的记载差异比较大，将龙这种神异的动物描述为具有虾眼、鹿角、牛嘴、狗鼻、鲶须、狮鬃、蛇尾、

◆群龙

◆二龙戏珠

鱼鳞、鹰爪，是多种动物特征合而为一的一种形象。这种形象将许多动物的特点集于一体，一方面意味着龙是万兽之首，具有万兽的特征；另一方面代指龙是万能之神，既可以飞上九天云霄，又可以潜入深海遨游。

对龙的形象的描述与龙的起源是密切相联系的。关于龙的起源自古以来就是研究者争论的话题，经过长期的研究和考证，人们终于得出了一个较为一致的共识，即龙是多种动物的综合体，是原始社会形成的一种图腾崇拜的标志。

 什么是图腾？

◆龙

◆中国龙

所谓图腾，是指原始社会的人们将某种动物、植物或非生物等当做自己的亲属、祖先或者保护神，将其作为本氏族的标志，相信它们不仅不会伤害自己，而且还能保护自己，并且它们具有一种超自然的能力，能够赋予自己超人的力量、勇气和技能。在原始人的眼中，图腾是一个被人格化了的崇拜对象。

图腾是人类历史上最早的一种文化现象，是在当时社会生产力低下和原始民族对自然现象无法解释的基础上产生的。龙是中华民族的图腾，中华儿女称自己为炎黄子孙，为龙的传人。龙起源于新石器时代，距今大约八千年。在当时的生产生活中，人们对于很多自然现象无法作出合理解释，于是便寄希望于自己民族的图腾具备风雨雷电一样的力量，具有万兽之特征，无所不能……渐而渐之，龙的形象就成了骆头、鹿角、鱼鳞、虎掌、鹰爪等多种动物特征的复合结构。

甲骨文字 "龙"

甲骨文 "龙" 字既具有形又包含声，既抽象又具体。其一，兽以狰狞威猛著称，尤其是指长有獠牙巨齿的猛兽。闪电照亮云团时呈面状，与兽的面部相似，甲骨文字 "龙" 的兽首尤其着力刻画出牙齿，给人以苍天发怒的震撼力。其二，蛇的身体呈条形。这与条形闪电的形状相似，具有模仿之

◆龙

嫌。其三，蛇行走宛转曲折。而条形闪电也呈宛转曲折状行走。其四，蛇隐蔽在阴暗的地方，现身比较突然。而条形闪电也是隐身于阴暗浓密的云层之中，在毫无征兆的条件下现身。其五，蛇多剧毒，人一旦被攻击必会丧命，非常恐怖，许多人甚至天生怕蛇。而条形闪电同样极具威慑力量，闪电过后的雷声更加令人胆战心惊，这是一些人天生害怕闪电的缘由。甲骨文中用兽和蛇来形容龙，表示它是一种令人恐怖、令人敬畏的神秘力量，同时还可以得出龙的形象与闪电雷鸣具有不可分割的联系，即龙的化身源自于人们对闪电的敬畏和崇拜。

轶闻趣事——叶公好龙

◆叶公好龙

叶公子高好龙，钩以写龙，凿以写龙，屋室雕文以写龙。于是天龙闻而下之，窥头于牖，施尾于堂。叶公见之，弃而还走，失其魂魄，五色无主。是叶公非好龙也，好夫似龙而非龙者也。

这个故事讲述了叶公爱龙成癖，衣服上、墙壁上勾画着龙，酒壶酒杯和柱子上雕刻着龙，被天上的真龙知道了，便从天而降来到叶公家里。叶公见到真龙，吓得转身就跑，好像掉了魂似的。于是叶公好龙便成为一句成语流传下来，比喻表面上喜爱某种事物，实际上并不是真的爱好，包含贬义色彩。

拓展思考

1. 查阅相关资料，哪些动物、植物、非生命物质被作为图腾？我国各民族现存的图腾文化有哪些？

2. 联系龙的起源，分析人们心目中的龙。

3. 你还能列举出哪些关于龙的寓言或成语？

4. 西方文化中也存在龙的文化，分析比较东、西方龙文化之间的差异。

TUXING
QUHUA

巧手生万物——民间剪纸

剪纸，又叫刻纸，窗花或剪画，是劳动人民为满足自身精神生活的需要而创造的一种不受任何功利思想和价值观念制约的艺术作品。剪纸创造的灵感来源于生产生活，深植并流传于生活实践中，体现了人类艺术最基本的审美观念和精神品质，具有鲜明的艺术特色和生活情趣。

◆福

简介

剪纸，是中国民间传统装饰艺术。按照创作过程中所用工具的不同，又称为刻纸、剪画等，作品的基本载体可以是纸张、金银箔、树皮、树叶、布、皮革等片状材料。

早在汉唐时期，民间就有妇女使用金银箔或彩帛剪成花鸟贴在鬓角以作装饰的现象，后来逐步发展为使用彩色纸张剪成各种植物、动物或人物、吉祥字画等图案，以作美化之用，如北方的窗花、南方的鞋花、帽

◆金玉满堂

◆鱼跃龙门

花等。

从技法上来讲，剪纸是一种镂空剪刻，在平面载体上剪刻出所要表现的形象，给人以透空的感觉和艺术享受。在长期的艺术实践和变化发展中，剪纸这门艺术得到不断完善，形成了以剪刻、镂空为主，烧、烫、拼色、染色、勾描等为辅的多种技法相结合的艺术创作。由于剪纸的工具材料简单普及，技法易于掌握，促使这门艺术从古至今几乎遍及我国的大小城市乡村，深受民众的喜爱。

链接——剪纸艺术的发扬和保护

◆富贵

2006 年 5 月 20 日，经国务院批准，剪纸艺术被列入第一批国家级非物质文化遗产名录。2007 年 6 月 8 日，上海市李守白剪纸大师工作室获得国家文化部颁发的首届文化遗产日奖。

2008 年 9 月 1 日，梨乡风情剪纸坊正式成立，作品在传承山东民间传统剪纸艺术的基础上，糅进了南方剪纸清秀婉约的特色，并对人物肖像剪纸进行了创新。

2009 年 9 月 30 日，中国剪纸经联合国教科文组织保护非物质文化遗产政府间委员会的审批列入第四批《人类非物质文化遗产代表作名录》。

2010 年是农历虎年，浙江桐庐剪纸协会会长朱维桢老先生创作了一幅宽 10 米、高 7 米的单体虎剪纸。这幅作品经现场认证，入选中国世界纪录协会世界最大的单体虎剪纸，创造了剪纸艺术的又一项世界之最。

◆剪纸

创作

剪纸的基本材料是平面纸张，基本单元是线条和块面，基本的符号语言是各种形式的点、线、面，局限于这些因素，剪纸不善于表现多层次复杂的内容和物象的体积、深度等多维层面的表征，因此剪纸只有扬长避短，在构图上采用平视法构图，即将实物和景象由三维立体形象转换成二维平面形象。对表现素材进行一定的取舍删减，使用最简练的线条概括物象，最终使画面重点突出，虚实相衬，以增强作品的空间表现力。

欢天喜地

◆过大年

在创作过程中，民间剪纸使用展开式的思维方式，在创作者的剪刀下，剪纸不讲体积、不讲空间、不讲透视、不讲比例，凭借经验和灵性自由取舍挥洒自如。创作者打破自然的客观法则和高维空间的局限，将不同时空、多维实体呈现在同一平面上，借以描述和抒发自己心中的画面。这种借

◆剪纸

助静态的二维平面来表达动态、多维空间实体的构图思维，不受生活惯例、题材内容的局限，增强了剪纸的主观性、时空性、立体性和全面性。

拓展思考

1. 以小组为单位，开展剪纸创作，并对作品的特点进行分析比较。
2. 剪纸艺术的最大特点是什么？
3. 归纳剪纸艺术的构图特征和造型手法有哪些？
4. 基于几何学的视角，分析剪纸所具有的图形之美。

视觉不亚于味觉——传统糖人

当我们游走在古镇老巷的时候，往往会看到繁多的民间传统工艺，其中有一种作品既吸引了游客的眼球，又可以满足味觉上的需求，这就是糖人。看到各式各样、色味俱全的糖人作品，不禁想起儿时走街串巷，可以用牙膏皮换糖人的吹糖人。

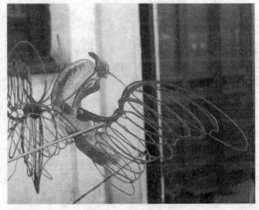

◆糖人

简介

据说宋代就有糖人工艺，作品多是平面造型，而今天的糖人作品，称之为戏剧糖果，被视为是一种艺术。糖人是以熬化的蔗糖或麦芽糖做成的各种造型的物品，包括动物、花草、建筑、人物等形象，尤其是以十二生肖为形象的作品。

◆糖人作品

轶闻趣事——糖人的价格

◆吹糖人

◆糖人作品

糖人作品不易保存，过去糖果短缺时，小孩子会将玩耍过的糖人吃掉。现在人们多觉得制作材料不卫生，就很少吃了，时间久了糖人会变黑，也就自然毁坏了。

过去的糖人制作者多是挑个担子，打着铜锣沿街叫卖。有的艺人还带着一个画着花鸟兽虫的圆盘，交过钱后可以转动盘上的指针，指到哪个就做哪个，以此来吸引孩子。过去糖人很便宜，在物资匮乏的年代是儿童很喜爱的玩物。

80年代初期，几分钱或几个牙膏皮就可以换一个糖人。如今糖人不再是单纯为了哄孩子而创作的东西了，而是被视为一项民间艺术受到重视。现在沿街的艺人少了，在著名的古镇老街、传统庙会上还可以见到。

种类

糖人作为一门传统民间艺术，经过数百年的发展，衍生出多种多样的制作技法，按照其制作工艺的不同，可以分为三种：吹糖人、画糖人和塑糖人。

吹糖人

据说吹糖人技艺始于明末清初。最经典的"吹糖人"创作者将糖稀加热到适当程度，用手揪下一团，揉成圆球，用食指粘上少量淀粉压出一个深坑，然后快速拉长，形成一根糖棒，拉到一定细度的时候，猛地折断糖棒，这样就造出了一根细管。立即用嘴对着细管吹气，同时配合手捏等方法，很快就塑造出生动形象的花鸟虫鱼、人物百态等造型。吹糖人以

◆十二生肖

动物造型居多，体态丰满，吹出的糖人质地很薄，容易破碎。

画糖人

画糖人是民间使用食糖进行创作的艺术手法，盛行于四川各地，以自贡地区的品种最多，内容最为丰富。

画糖人是在石板上进行创作的。石板多选用光滑冰凉的大理石，上面涂上一层防粘的油。制作材料一般为红、白糖和少量的饴糖，制作工具仅有一个勺子和

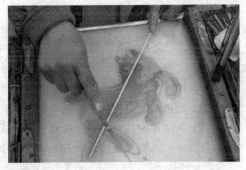

◆画糖人

一个铲子。首先将糖料放在炉子上使用文火熬制，熬到可以拉出丝线时即可用来浇制造型了。在造型过程中，创作者使用小勺舀起糖稀，在石板上飞快地来回浇出造型。在整个过程中，艺人手上的功夫起着至关重要的作用，要求艺人要眼疾手快、一气呵成。待造型冷却后，使用小铲刀将糖画铲起，粘上竹签即可出售。

塑糖人

塑糖人，即使用模具进行造型创作的手法。模具有罗汉、财神、寿星等人物形象，狮子、猴子等动物形象，宝塔、楼阁等建筑物形象等。

动动手——剪窗花、塑糖人

◆手工制作

项目一：剪窗花

在教师的指导下，分小组开展剪纸工艺创作，创作内容不限。

项目二：塑糖人

在教师的指导下，使用橡皮泥塑造出自己心目中的物象。

拓展思考

1. 对糖人的创作你还知道哪些知识？

2. 分组讨论，糖人创作过程中应该注意哪些环节？

3. 你认为糖人创作是一种艺术吗？如果答案是肯定的，请思考这门艺术该如何传承？

4. 基于几何学视角，来分析糖人造型中的图形之美。

疯狂的设计革命

——现代图形文化

地球在旋转，
科技在发展。
知识在飙升，
思维在疯狂。
一场匪夷所思的设计革命，
一批新旧衔接的现代产物，
在无声无息中拉开帷幕。
请你不要怀疑方形车轮自行车也能骑，
请你不要惊诧超级跑车的"形"与"速"，
你不用置疑现实世界中的童话建筑，
更不必感叹世界桥梁之巧夺天工，
这就是现代图形之美。

◆现代建筑

方形车轮也能骑——概念自行车

自行车，又称脚踏车、单车，通常是二轮的小型陆上车辆，是一种绿色环保的交通工具。自19世纪诞生以来，自行车的特征、结构和功能并没有发生多少改变，但在21世纪，许多设计师热切地致力于自行车的改造试验，进行了一系列"疯狂"的设计，创造出了许多惊人的发明。

◆怪异的自行车

方轮自行车

自行车自诞生以来，前后车轮都是圆形结构而非其他形状结构，这是因为圆形车轮在行进过程中所受摩擦力较小。

乍一看，图中这款自行车似乎有些荒唐，它的车轮居然是方形的，这样的自行车能骑吗？答案是肯定的。方轮自行车也是可以骑的，条件是要为它铺设一条弧形专用车道。

◆方轮自行车

超级自行车

看，左图这个庞然大物究竟是什么车？前轮大如推土机车轮，后轮小如自行车轮，这个不伦不类的东西到底是什么？原来它是一辆自行车。这辆前轮大后轮小的巨无霸自行车由拖拉机轮胎和一些自行车零件所构成，看上去像一条上行的传送带。

◆超级自行车

轶闻趣事——木制自行车

广东省汕头市南湾村 74 岁的许本豪老人，从 2009 年底开始，历时半年时间，手工打造了一辆独一无二的自行车。与普通自行车的金属结构相比，这辆自行车是木质结构的。

◆木制自行车

◆折叠自行车

折叠自行车

折叠自行车一直是背包客的最爱，它既可以节省空间，又具有非常轻的重量，非常便于随身携带。

这款概念自行车的车座固定在车身上梁，斜向上翘起，后车轮近似孤立，仅由链条衔接，没有设置后座，车身整体像一个阿拉伯数字或者英文字母，又似一个庞大的扳手。

链接——世界自行车之最

最早的自行车设计大约产生于 1493 年，由意大利著名画家达·芬奇和他的一个学生完成。1839 年，苏格兰的 K. 麦克米伦制造出第一辆自行车，最早把自行车骑上马路。

最大的自行车是 1989 年 6 月美国戴夫·摩尔于制造出的一辆高达 3.4 米，车轮直径为 3.05 米的自行车。以自行车车轮直径来比较，这是世界上最大的自行车。

◢最大号自行车

最长的自行车是 1988 年 2 月新西兰坦利·塞斯曼设计并制造出的一辆长达 22.24 米的自行车。这辆自行车由 4 个人共同来骑。

最贵的自行车是北欧 Arumania 推出的全球最贵之一的单车。该车使用了 600 颗 Swarovski 的水晶，车身镀上 24K 纯金，定价为 117，000 欧元。

最贵的山地自行车是英国斯

◢最小的自行车

蒂夫公司生产。该车由自己国家和美国、意大利、日本生产的最贵零件组装。价格 12025 美元，合人民币 9 万多元。

最小的双人自行车是法国雅克·比尤制造的一辆双人自行车，只有 36 厘米长。

◆长号自行车

◆概念车

三轮自行车

◆三轮自行车

学骑两个轮子的自行车并不是一件容易的事情，这对骑手的平衡能力提出一定要求。别担心，图中这款自行车是专门为新手所设计的。这款自行车设置有两个后轮，骑手可以将两个后轮调节成"A"字形或者"H"字形，帮助初学者平衡车身。两个后轮之间的距离可以调节，随着骑车技术的不断提升，两轮可以合而为一，最终成为普通的自行车。车身设置有横梁和前后支柱，整体呈现出一位向终点冲刺的自行车赛手的形象。

疯狂的设计革命——现代图形文化 〈〈〈〈〈〈〈〈〈〈〈〈〈〈〈〈〈〈〈〈〈

TUXING
QUHUA

拓展思考

1. 分组讨论，你觉得应该为"方轮自行车"铺设一条什么样的车道？请画出。

2. 画出"超级自行车"的受力图和运行图。

3. 假如你有一辆折叠自行车，你将怎样高效利用它？

4. 你头脑中的自行车模型是什么样子的？

渐行渐远——超级跑车

◆阿斯顿马丁

超级跑车是传奇和梦想的象征，是无数海报、屏幕、挂历等的宠儿。它们在加速、刹车和转弯过程中表现出了不同寻常的特色，精湛的技术、灼人眼球的外表令无数人为之热血沸腾。让我们一起慢慢享用这顿视觉大餐。

法拉利 Enzo

◆法拉利

法拉利恩佐跑车打破传统的车型设计风格，呈现出一种全新的形体语言。前端脸部是F1赛车的翻版，车身侧面与车轮挡板齐平，尾部朝上微翘，车顶平滑向后微缩，流线型车型设计非常符合空气动力学要求。

法拉利恩佐跑车由法拉利公司创始人恩佐·法拉利的名字命名。该车最大马力达650匹，最高时速达350公里。

阿斯顿马丁 One—77

阿斯顿马丁超级跑车品牌在巴黎车展展出了全新旗舰车型跑车 One—77。该车设有一个可以展开的尾翼，自动适应悬架。车身线条倾斜度较小，整体呈旗舰型，在空气动力学上比较有利。远望过去，车身好似一颗出膛的子弹。该车最大功率为 700 马力，最大速度为每小时 320 公里。

◆阿斯顿马丁

链接——功率单位马力

功率是衡量物体做功快慢的物理量，物理学中用 P 来表示，公式为 P＝功（W）/时间（t）。日常生活中，常常把功率称为马力，单位是匹。1 马力等于每秒钟将 75 公斤重的物体提高 1 米所做的功，约等于 0.735 千瓦，即 735 焦耳每秒。

由于功率越大转速越高，汽车的最高速度也越高，日常生活中常用最大功率来描述汽车的动力性能。最大功率一般用马力（匹）或者千瓦（kW）来表示。

◆汽车发动机

兰博基尼 Reventon

◆兰博基尼

这款超级跑车采用全新航空技术的碳纤维材料，车身选用灰色涂装和 F22 战斗机风格的仪表盘，脸部呈尖嘴式，车顶尾部有如战斗机翼一般的层次，笔直的线条勾勒出许多个锐角，整体充满速度感。搭载 MurcielagoLP640 的 V12 引擎，最大功率达 650 马力，最大速度突破 340 公里每小时。

保时捷 CarreraGT

◆保时捷

保时捷 CarreraGT 是保时捷历史上第一辆批量生产的超级跑车。该车采取了 20 世纪 60 年代后期著名跑车 718RSSpyder 的设计方案，前端采用了保时捷品牌典型的脸部，车盖像箭形一样向后延展，两侧加大的车轮呈弧形，两个大探照前灯位于扁平的玻璃罩下面，与保时捷 917 赛车遥相呼应，不禁勾起人们难忘的回忆。该款超级跑车最大时速可达 330 公里每小时，0 至 100 公里每小时加速只需 3.9 秒。

小贴士——60 年来最伟大的 20 款跑车

1960 年英国汽车杂志《Car》使用 "supercar" 来形容名噪一时的兰博基尼 Miura,. 从此超级跑车这个术语正式进入现代汽车辞典。回顾二战以来超级跑车的发展史,推选出最值得关注的 20 款明星车型。

◆名车集锦

冠军:2003 款法拉利 Enzo;亚军:2005 款福特 GT;季军:2004 款保时捷 Carrera GT;1956 款梅赛德斯—奔驰 300SL;1961 款捷豹 E—TYPE;1966 款福特 GT40;1966 款 Shelby Cobra427;1970 款梅赛德斯—奔驰 C111;1980 款兰博基尼 Countach S;1979 款宝马 M1;1987 款法拉利 F40;1988 款保时捷 959;1993 款布加迪 EB110;1994 款迈凯轮 F1;2008 款法拉利 430Scuderia;2003 兰博基尼 Murcielaga;2008 款保时捷 GT2;2009 款雪佛兰 Corvette ZR1;2009 日产 GT—R;2006 布加迪—威龙 16.4。

拓展思考

1. 查阅相关资料,分析超级跑车的相关数据,分组讨论超级跑车具有哪些共同特点?

2. 超级跑车的车型是什么样的曲线? 请描绘出来。

3. 你能否正确地使用马力、匹来形容汽车的性能?

4. 对于各大品牌的超级跑车,你对它们有哪些评价? 有没有完善的建议?

洞天乐——世界迷你屋

◆福禄寿三星楼

房屋建筑领域是艺术创作的沃土，在世界范围内分布着众多富于现代艺术气息的迷你屋，给人别有洞天的视觉刺激。

左图是位于北京燕郊开发区的福禄寿大楼。该楼是以中国传统文化中的福禄寿三星作为题材进行创作的，给人耳目一新的感觉。

弯曲的房子

波兰建筑的风格给人一种古老而单调的感觉，但弯曲的房子堪称是现代艺术品的杰作。

弯曲的房子位于波兰索波特市，设计灵感来自旅居波兰的瑞典画家达赫伯格，它使用一种以火山岩为材料的空心建材，既隔冷又隔热。它所使用的所有建材没有一块是规则的，这些建材是根据图纸设计

◆波兰弯曲的房子

一块一块制成的。站在这个"东倒西歪"的房子面前，就像普通房子前面摆放了一个哈哈镜。

美国树屋

这是美国建筑师罗伯特·哈维·奥赫兹在美国俄勒冈州波特兰市建造的一座树林木屋。这座房子最大的特点就是对曲线的运用。树屋以其独特的设计和与外界环境的完美融合，受到建筑爱好者的青睐。

◆美国树屋

轶闻趣事——美国廉价树屋

大约 12 年前，丹·菲利普斯在他的家乡德克萨斯州亨茨维尔开始了他的房屋建筑事业，即利用"回收的废品"为低收入家庭建造房屋，到现在为止他已经建成了 14 座房屋。这些房屋用酒瓶装饰门、废木材做护墙、相框边角做屋顶……所有的废品在菲尔普斯手里都能物尽其能、变废为宝。

◆廉价树屋

南非鞋屋

◆南非鞋屋

南非鞋屋把房子建造成鞋子的样子，惟妙惟肖，乍一看，好像巨人遗落的鞋子。鞋屋质朴的色彩充满了原始感，看上去就像到了童话世界一样。鞋屋由底楼和阁楼两个部分组成，大门、窗户一应俱全。半米高的鞋底构成屋基，鞋头和鞋跟构成底楼，鞋筒构成阁楼，鞋带孔是两排天窗，鞋跟处设有大门。

动动手——勾勒理想的王国

每个人心中都有自己的一片天空，都有自己理想中的王国。拿出自己的画笔，勾勒出自己心目中的王国。

拓展思考

1. 查阅相关资料，你还能了解到哪些世界奇异建筑？它们的具体特征是什么？

2. 分组讨论"弯曲的房子"的建造和使用情况？

3. 将艺术设计融入建筑领域，建筑成了艺术产品，你对这种做法的评价是什么？

大 PK——建筑巨无霸

伴随着社会科技的发展，建筑设计逐渐融入了艺术特色，建筑产物摇身变成了艺术作品。无论是体育馆，还是办公大楼，均体现出鲜明的艺术特色和图形特征。

右图是世界上最大的城市开发区——上海浦东新区，楼群建筑各式各样，彰显出浓郁的图形色彩。

◆浦东新区

鸟巢

鸟巢是 2008 年北京奥运会主体育场，即中国国家体育场。

这个巨型体育场，形态如同孕育生命的"鸟巢"，更像一个摇篮，寄托着人类对未来的希望。"鸟巢"的外形结构主要由巨大的门式钢架组成，顶面呈马鞍形，外壳采用气垫膜设计，以达到防水透光的要求。碗状坐席环抱着赛场，上下层之间错落有致，充分体现了人文关怀。

◆奥运鸟巢

吉萨大埃及博物馆

◆吉萨大埃及博物馆

埃及吉萨大埃及博物馆是世界上最大的考古学博物馆。这座气势恢宏的博物馆由地面上的一系列宏大的大堂构成，整体布局就像被猫爪撕扯之后的样子，屋顶呈三角形。空间流线组织被设计成单向的、连续空间的运动轨迹。透明条纹大理岩与周围几座金字塔浑然一体。

哈利法塔

◆哈利法塔

哈利法塔是人类历史上首个高度超过 800 米的建筑物。建筑设计采用了一种具有挑战性的单式结构，由连为一体的管状多塔组成。外形具有太空时代风格，基座周围采用了富有伊斯兰建筑风格的几何图形——六瓣的沙漠之花。无论是建筑物的结构、高度、建筑材料，还是设计特色，哈利法塔都可谓是举世无双的。

点击——世界高楼竞高低

哈利法塔，又名迪拜塔，实际建筑物高度为 828 米，建筑高度位居榜首。

西尔斯大楼，顶端高度为 529 米；台北 101 大厦，实体高度加天线高度为 508 米；上海环球金融中心，建筑主体高度为 492 米；吉隆坡石油双塔，楼体高度为 452 米。

◆台北 101 大厦

泰特美术馆

泰特美术馆，又名泰特英国艺术馆。该馆外表由褐色墙砖覆盖，内部是钢筋结构，高耸入云的大烟囱是它的标志。该艺术馆原本是一座气势宏大的发电厂，改建成艺术馆时基本保留了旧式建筑，如巨大的烟囱，宏大的涡轮车间等。车间改造成了小型展览厅，烟囱顶部加设了半透明薄板，形成了泰特艺术馆的建筑特色，从而吸引了众多游客。

◆泰特美术馆

小贴士——世界十大建筑

◆首都国际机场

《泰晤士报》评选出了世界上十大最大最重要的现代建筑。它们是人类建筑史上的奇迹，展现了人类无尽的想象力。

北京奥运会国家体育中心（鸟巢）、埃及吉萨大埃及博物馆、阿联酋迪拜大楼、耶路撒冷"宽容博物馆"、北京首都国际机场3号航站楼、伦敦泰特现代美术馆、罗马国立当代艺术博物馆、中国中央电视台新址、伦敦主教门大厦和重建中的纽约世贸中心。

拓展思考

1. 注意观察你身边的建筑，它们分别具有什么样的图形特征？将它们进行分类整理。

2. 建筑中的"巨无霸"，你还知道哪些？

3. 举例说明，新旧建筑风格的差异体现在哪些方面？

4. 建筑"巨无霸"的优缺点分别是什么？

高屋建瓴——现代桥梁之最

桥梁作为贯通两地的重要工具，其建造风格与地理环境和技术水平密切相关。

右图是全球最长的三塔式斜拉索桥——香港汀九桥。该桥具有两个主跨，跨越蓝巴勒海峡，全长 1875 米。

最长的桥

◆香港汀九桥

庞恰特雷恩湖桥，位于美国路易斯安那州庞恰特雷恩湖上，连接新奥尔良和曼德维尔，全长 38.4 公里，被称为是世界上最长的桥梁而收录在吉尼斯大全中。

庞恰特雷恩湖桥由两座平行桥梁组成，1 号桥于 1956 年建成通车，2 号桥于 1969 年建成通车。1、2 号桥呈两条长长的平行丝带排列在湖面之上。

◆庞恰特雷恩湖桥

最长的跨海大桥

◆杭州湾跨海大桥

杭州湾跨海大桥北起浙江嘉兴，南至宁波，全长 36 公里，横跨中国杭州湾海域，是目前世界上最长的跨海大桥。大桥在设计中首次引入西湖苏堤"长桥卧波"的景观设计理念，整座大桥平面呈 S 形曲线，侧面具有起伏叠至的立体形状。该桥以其优美的造型，高票当选"世界十大名桥"之一。

点击——西湖"长堤卧波"

◆长堤卧波

北宋元佑五年，诗人苏轼时任杭州知州，疏浚西湖，构筑堤坝，后人为纪念苏东坡治理西湖的功绩，将其命名为"苏堤"。苏堤春晓一直位居"西湖十景"之首。"长堤卧波"是对苏堤美景的逼真生动的描述。

最高的桥

米约高架桥坐落于法国西南部的米约市，横跨在法国塔恩河仙境般的河谷之上，是巴黎通往地中海地区的必经之路。米约高架桥是一座斜拉索式大桥，桥面结构设计成三角形，钢索与桥墩呈竖琴形象。大桥全长 2.46 公里，距离地面 270 米，桥柱高达 343 米，高出埃菲尔铁塔 23 米，是目前世界上最高的桥梁。

◆米约高架桥

 轶闻趣事——自杀者最喜欢的桥

金门大桥是世界著名的桥梁之一，是近代桥梁工程的一个奇迹。大桥屹立于美国加利福尼亚州的金门海峡之上，历时 4 年建成，耗资达 3550 万美元，是世界上最大的单孔吊桥之一。

金门大桥被称为"世界最著名自杀场所"，自 1937 年落成以来，已经有 1300 多个困惑的灵魂从这里陨落。

◆金门大桥

马蹄形玻璃大桥

◆马蹄形玻璃大桥

美国格兰德加尼温修建的马蹄形玻璃大桥——"云中漫步"，悬空建造在半空之中，海拔高达1158米，通体采用玻璃制成，形状呈马蹄形，两端与地面相衔接，桥体中间的弯曲部分悬架在峡谷之上。行走在该桥上，给人一种云中漫步的感觉。

拓展思考

1. 查阅相关资料，收集整理世界桥梁之最的相关内容。

2. 基于力学、几何学的视角来分析"世界桥梁之最"的受力情况和图形特征。

3. 桥梁建造与地形特征和桥梁用途密切相关，以杭州湾跨海大桥和米约高架桥为例，分析其建造特征的制约因素。

4. 如果你是设计师，你将设计出什么样的桥梁？